蟲《むし》の饗《きょう》宴《えん》

僕はこうして虫屋になった

蟲《むし》の饗《きょう》宴《えん》

僕はこうして虫屋になった

Okumoto Daisaburo
奥本大三郎

世界文化社

はじめに

もう四十数年も昔のことになるが、パリにしばらくいたことがある。街をうろついていると、ときどき、思いがけない場所の、それこそ蜘蛛の巣の張っているような古本屋のショーウインドーなどで、十九世紀の博物画を見つけることがあった。

よく見れば木口木版の精密な絵で、色がついているとかなり高価であったが、買えない値段ではなかった。下宿住まいの学生で、そんなものを買ってどうすると言われればそのとおりで、置くところにも困るけれど、つい手が出る。

セーヌ河岸の観光名所になっているブキニストの店でも、もちろん、大判の見事な動植物の石盤刷りの絵が見つかることはあった。

「こういうのは、昔の立派な本を分解して、字ばかりの部分は捨ててしまい、絵の載った頁だけをこうして、売り物にしているんだ」

そんな風に言われていたから、廃棄されたその原本のことが惜しまれたが、真相はどうもそうではないようで、河風の吹く、露天の店で日に曝されているようなのは、たいていまあ大量印刷の、復刻版のポスターみたいなもののようであった。

というのは、本物の博物画は、我々が心配しなくても、それらしい高級な店構えの古書店というか画廊のようなところで、ちゃんとしたどころか、眼の玉の飛び出るような値段で売っている。店に入って、仔細に見せてもらうと、印刷の質のちがうのが解る。

若い私が、古い博物画にどうしてそう心を惹かれるのかというと、子供のとき、学校にも行かず、病床で繰り返し、くりかえし眺めた、明治神宮の宮司で鳥類学者の鷹司信輔と牧野富太郎が書いた『鳥物語・花物語』という本の口絵が、西欧の古書からとった、そういう精密な図版だったからである。

戦後の、身の回りにあった子供用の図鑑類の挿絵とは技術的にちがう。それで私は、オランダ渡りの精密な絵を見て度肝を抜かれた、江戸後期の高橋由一や司馬江漢のような気持ちで、西欧の大人用の図鑑類の挿絵に憧れを抱いていたのだ。

ところで、その頃私がフランスにいた目的は、フランス文学の論文を書く事であった。つまり、パリの大学や大学院で、専攻すると決めた作家、または詩人についての講義を聴き、フランス文学一般の学力も、もちろんつけて、それから細かいテーマを決め、論文を書いて日本の大学に帰ってくることなのであった。

で、それがうまくいくか、というと、もちろん、うまくいかない。基本的な学力が無く、勤勉でもない。だから、うろうろと街を散歩する、という次第になる。金はない。金子光晴の『ねむれ巴里』の経験を何万分の一かに薄めたような経験はあちらにいれば誰でもするもので、今になってみれば、いい経験をしたような、そうではないような、という、おぼろげな記憶だけが残っている。

論文のテーマは、日本の大学にいたときからもう決まっていて、ランボー論である。それを硬い文章の日本語で書き、おおよそのことはフランス語にもしていた。しかも、自分では、それが大変優れた、画期的な論考だと思っていた。問題は、大学院で私が学生として登録したフランス人の先生が、そうは思ってくれないことであった。

――実を言うと、今でもちゃんとした論文だったと思っているのである。日本に帰ってしばらくの間は、「ユリイカ」やら「カイエ」やら「現代文学」という同人雑誌やらに、求められるままに、そして求められないのに、ランボーの『イリュミナシオン』や『後期韻文詩』という難解な詩が、ボードレールの作品と関係づけて解釈することによって解読できるということを、書き散らした。

日本のランボー論はどれもこれも、というと語弊があるけれど、実際どれもこれも、小林秀雄の、威勢のいい、べらんめえ口調のかっこよさに圧倒され、影響されていて、原文はちゃんと読んでいないようなところがあった。小林秀雄のランボー論を読むとみんな、自分がランボーになったような気になってしまうらしい。

原文をちゃんと読んでいないといったけれど、読もうとしても無理なのである。ランボーの詩はフランス語の表現としても難しいし、内容も、我々外国人にはなじみのない事だらけである。大正時代の大学生が、いくら才能があるとはいえ、限られた条件の下で、辞書を引き引き、暗号解読のようにして読んだところで、理解するのは至難の業であろう。あんなものは小林さんのほんの若書き、ランボーの劇的生涯によって彩色された青春の日記ではないか、と思うようになっていた。しかし、日本のランボー論のなかで、詩情をたたえた作品になっているのは、小林秀雄の書いたものだけのようである。

では、フランスにおける研究はどうかというと、これはまた、ランボーから遠く離れて、神話造りに励む類いのものが多く、エリファス・レヴィだとか、カバラだとか、訳の分からない袋小路に迷い込んでいるように思われた。どこの国にも、国文学者と名のつく人の中には、勤勉なだけで、こっちが首を傾げたくなるようなことを詳しく論じる人がいるものである。もちろん優れた人はいくらでもいるのだが。

そんなわけで、元の大学院に籍を置いてくすぶることになった。そうして、もっと素直にその詩や手紙を読めば、少年ランボーは「ボードレールこそは真の神である」と言っているではないか――などと、ボードレールの『人工天国』『悪の華』などを援用しながらランボーの詩句を分析していたのだが、それを一冊にまとめることはなかった。

そのうちに、幸か不幸か、「ユリイカ」に連載した虫随筆が『虫の宇宙誌』という表題で刊行され、読売文学賞をもらったのだった。その文章を書く機会を私に与えて下さったのは、早稲田の仏文の窪田般弥先生で、海のものとも山のものとも知れない若者に、こんな機会はめったに与えられるものではない、と今にして思う。

賞のあと、「次は何を書きますか」と、担当の西館一郎さん。「う……ランボー論」と私。

すると、「せっかく虫で名が出たのに、フランス文学なんて駄目ですよ」と、思いがけない反応が返って来た。

賞を貰うと、いろいろなところから声がかかる。その一つが、この『蟲の饗宴』の連載である。平凡社の豪華な雑誌「太陽」に、カラーページをとって書かせてもらえることになった。そう言ってくれたのは船曳由美さんという方で、なるほどミューズとはこんな感じか、と感心することが多かった。好きなことを書いてよい、と言うから、「博物画を使っての虫の話」ということになった。絵の本当にいいものは、国立科学博物館の黒澤良彦博士にお願いして、館所蔵の、主にドノヴァンとドゥルーリーを使わせていただくことになった。

同時に同じ社の「アニマ」の出田さんからも連載の話があった。虫なら書きたいことは山ほどある。こちらは二十世紀初めのパリの標本商ウジェーヌ・ル・ムールトの自伝を種本に『捕虫網の円光』というのを連載することになった。

……そんな風にして時間が経った。時移り、事去る、というか、ランボー論なぞを書いてももう、誰も読まない時代になってしまったのかもしれない。大学の仏文科に学生は来ないし、というと、世間が悪いと言っているように聞こえるだろうが、フランス文学、ドイツ文学に対する、かつての憧れのような、一種貴い感情、あるいは気分は、衣食足りて欲求不満の世代には感じ取り難いものなのであろう。しかし、私はまだ諦めてはいないつもりである。

目次

春

Spring

桜毛蟲

【サクラケムシ】

毛虫飼うバカ　虫食わぬバカ

三月、桜の咲く頃に、公園に筵《むしろ》を敷き、御馳走を詰めた重箱を並べて、一升瓶に茶碗酒の献酬、いい気持ちで騒いでいると、頭上の桜からつ、つーと糸を引いて降りてきたものが、一座の美人の襟首に……あとは例によって例のごとき大騒ぎ、何の因果か、毛虫は随分嫌われる虫である。

しばらくして葉桜の季節ともなれば、毛虫の方もずっと大きく、まるまると肥って彩りも鮮やかになる。その頃やおら樹の下に七輪をもち出して火を起こし、油を張った鍋をその上にかけてから、ころあいを見て樹をゆする。手も触れずに無数の毛虫を熱い油の中に追い落として空揚にする仕掛けである。毛虫どもは油中に投じられるや瞬時にして肛門より緑の糞をぷつぷつとひり出し、油の表面をくるくると回っている。熱いうちに塩を振ってつまんで食えば、中は空洞に、毛はぱりぱり、身はかりかり、しかも桜餅の風味があって、春の午後の麦酒のつまみは、桜毛虫の空揚に止めを刺す、とは某農学博士から伺った話。

何が汚いものか、毛虫が朝から晩までもりもり噛《かじ》りつづける食物は、ただ桜の葉これあるのみ。海のもの、山のもの、化学合成のものまで雑駁《ざっぱく》に食い散らす人間に比べれば、毛虫の行いは精進潔斎そのものと言ってよい。

作者マリア・シビラ・メーリアンは17世紀半ば、ドイツ生まれの女流画家である。彼女の絵は成虫のみならず、幼虫やその食草にも細心の注意を払ったもので、当時既にきわめて精密な生態図として評判が高かった。オランダ人の後援者らの依頼をうけて、南米のオランダ領植民地スリナムに渡り、3年間の滞在の後に完成したのが、この『スリナム産昆虫変態図譜』である❶。カットは財津理一郎氏筆。

空揚、竜田揚にしてしまえば、軟弱な物質もからりと乾いて堅固となり、歯ざわりもよくなるから、しんねりむっつり、ぐにゃぐにゃの物どもはすべて油で揚げてしまうに限るのである。ところが、虫好きの中には、やっぱり生がよいなどと言って、芋虫をミキサーにかけてグリーン・ジュースとありがたがったり、そのままぷちぷちと口の中で噛みつぶす事を喜ぶ通もいる。確かにモンシロチョウの幼虫、大根の葉の青虫ならば、これも原料は知れていて、少しばかりピリリと辛みがあって、結構いけるかもしれないが、黙ってお客に出せば、後で何を言われるか知れたものではない。

私の知人に蝶の飼育の名人がいる。本職は判子屋さんで、やっぱり虫屋らしく凝り性であって、篆刻《てんこく》などの腕もちょっとしたものらしい。蔵書印を頼んで私も愛用しているけれど、彼の本領は断然蝶の幼虫を育てることにある。親になった蝶にまた卵を産ませ、育てて、野外に飛んでいる蝶より大きく見事なのを沢山造り出すこと、そしてそれだけでは飽きたらず、幼虫や蛹《さなぎ》を、温めてみたり冷やしてみたり、代用食を食わせてみたり、いじめにいじめて翅に生じる斑紋の変異を楽しむという、この方面では人間国宝級、判子屋にしておくのはもったいない、天才と紙一重みたいな男である。

人間には向き不向きがある。私は何に向いているかは知らないけれど、虫の飼育にだけは向いていない事は確かである。アゲハ、クロアゲハ、オオミドリシジミくらいならば飼えるけれど、それ以上の難しい蝶の飼育となるとまず大抵は若齢のうちに殺してしまう。私が触るとヴィールス病か何かにかかって真っ黒になって死んでしまう。食草をきらす、容器から逃がす、瓶に食草を挿しておけば、虫の方で茎を伝って降りていって入水自殺をしてしまう、とても外を飛んでいるような見事な標本が得られない。で、名人の託児所に預け

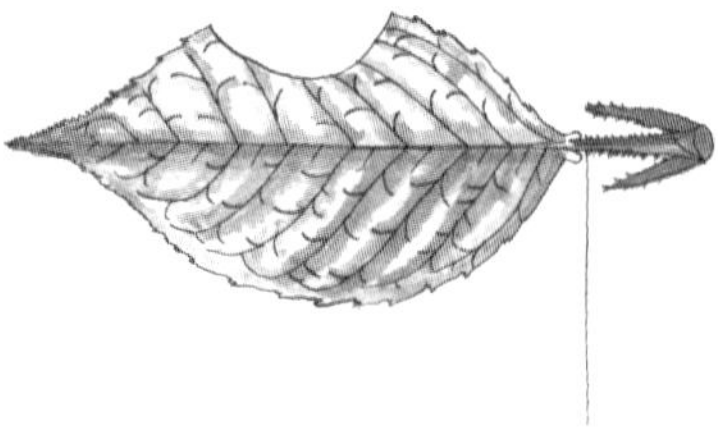

る事となる。

ある年、北海道産のリンゴシジミという珍種の卵を、三十個彼に預けた。卵もそれから孵《かえ》った幼虫も小さくて年輩の人ならむろん老眼鏡がいるしろもの、私なら容器を掃除するときに何割かはチリ紙と一緒にうっかり捨ててしまう。

六月半ばになって、彼が、親になりましたと届けてくれたのを見ると成虫が五匹しかいない。エゾノウワミズザクラなどという植物を食い、飼育の難しい蝶であるから、普通ならそんな成績でもおかしくはないけれど、人間国宝の仕事としては一寸不審に思われる。それとなくかまをかけると、「ヴィールス病で死なせちゃって」とか、「暖かすぎて食草の葉がかたくて」とか言う言葉尻にどうも力がない。私もだんだん意地になって、焼鳥屋に連行し、酎ハイを呑みながらねちねちと追及すると、ついに「すみません、食べたんです」とカウンターにつっ伏した。寄生蠅も出ずに終齢まですくすくと育ったのを見ると、魔がさしたか、つい手が出た。甘酸っぱい、淡いその味に、次々とつまんで、気がついたら残りは五匹、「でもそのまえに五匹は本当に死んだんです」と白状し、「しかし珍品ほどおいしいのはどうした訳でしょうね」と遠くを見る目つき。常習犯である事を思わせるその言い草に、私も珍品を食われた悔しさを忘れてあいた口がふさがらぬ。

黄揚羽

【キアゲハ】

復活祭の風の使者

寒い宿屋の部屋を出て歩いて行くと、真っ白に塗られた家並はすぐに尽きた。街道に沿って芝居の書割《かきわり》のように一列に、というより薄く一列だけ並んでいるのである。コルドバから続いている、舗装されたこの幹線道路を除いては、まったくの荒野の景である。

さっき、サンタ・エレナの村の街灯の下で拾った、踏み潰されて平たく乾いたダイコクコガネの死骸を掌に載せ、捕虫網を肩に、冷たい風の中を暢気に歩いていると、オートバイが二台、急停車して、制服を着た男が二人、私を呼びとめた。そうして私の腰につけている革製の三角缶を指差して、見せろという。中には、一昨日マドリード郊外で採集したヒオドシチョウとキイロツマキを包んだ三角紙が入っているのだけれど、腰につけた革製の三角缶は、確かにピストルのケースのように見えなくもない。

採集用具をあらため、それから油断のない目配りでパスポートを要求した。持って出てきてよかった、と思いながら渡す。二人ともスペイン人らしい黒目、黒髪の男らしい憲兵さんで、制服がよく似合っている。私のパスポートをじっくり見て、よし、と言い、にこりともしないで、忙しげにエンジンをかけたままにしてあったオートバイに跨って行ってしまった。憲兵さんには憲兵さんの凄味というか、どこか蒼く焼きを入

1はキアゲハ(*Papilio machaon*)、ユーラシア大陸、台湾、日本産。2はルリモンアゲハ(*Papilio paris arjuna*)、ジャワ島中央部の産。亜種名アルジュナはヒンドゥーの叙事詩「マハーバーラタ」の英雄の名に因む。3はタイスアゲハ(*Thais liypsipyle*)、地中海沿岸の産❷。カットはオオヒオドシ(*Nymphalis polychloros* Linnaeus)、ヨーロッパ産❸。

れた鋼鉄のようなリアリズムがあって、あまりかかわり合いにならない方がよいけれど、暇をもてあましている私としては、少しものたりないくらいである。

昨日の午後の三時頃、友人三人と私は、危うく死ぬところであった、と考えても、もう一つ実感が湧かない。車を運転していた男が、話に夢中になって両手をはなし、私の方を振り向いた、と思った瞬間に〝ガタン〟と来た。交通量も少なく、景色があまりに単調なので、時速百キロというスピードを、さして速いとは誰も感じていなかった。その地点で丁度道がカーヴしており、おまけに道路の半分しか舗装されていないので、三十センチほどの段差があったのだ。

友人はものごとに集中する質で、従ってそれ以外の事にはうっかりしたところがある。必ず便所のスリッパを履いて出てくる人なのである。ガタンと車の下で音がして、助手席にいた友人の妻君が、おでこをフロントガラスでごつんと打ち、フロントガラスが窓枠からはずれて、割れもせず、倒れもせずに道路の側溝の斜面をゆっくりトーン、トン、トン、と弾んでいくのが見えた。車の窓から見える四角い景色は、ひどくブレた写真の連続のようで、ああ、おれ達もやったか、皆と同じように、と思っているうちに車が止まった。

それで結局、誰にも大した怪我はなかった。ドイツ製のオペルという車の右前輪が殆んどの衝撃を吸収して、車が平行四辺形に歪んでくれたおかげらしい。友人がこちらを向いたのを見ると、前歯に血がにじんでいたけれど、彼がハンドルに、本当に齧りついたときの、それは傷で、黒いハンドルの表皮が林檎のように噛みとられて、中味の合成樹脂が真っ白に見えていた。

道路を離れて小高い丘の方へゆっくり登っていくと、更に広い景観が開けた。地平線が見える。ところどころに立っている黒い木はオリーヴである。車で走っているときには、殆んど何も生えていないように見えたけれど、こうして見ると、足元にはいろいろな植物のロゼットが地面にへばりつくように春を準備している。但し、その大半が羊の食い残しの棘《とげ》のある植物である。緑の地に白い乳の滴りが落ちて飛び散ったような斑《ふ》があるために、聖母マリアの名を貰った大型のアザミを見つけて、私は旧知に会ったような気がした。中学生になったばかりの年に、近所の農業高校の先生の娘さんからこのアザミの苗をもらって、タマネギのように巨大で、太い強力な棘に護られた花を咲かせてみたことがあったからである。

丘の頂上のオリーヴの樹の根方にもたれ、足をなげだして休んでいると、青空を雲が流れて、その雲の影が悠々と地上を走っていくのが見える。この青空が見たくて我々はパリから、復活祭の休暇にスペインまで来たのである。

冷たい風に吹き流されるようにして、向こうから一頭のキアゲハが飛んでくるのを発見した。捕虫網を構える。蝶は、この広い荒野で、それが運命であったかのように、抗いようもなく私の網の射程距離のうちに入り、網に収まった。私はまたオリーヴの下に腰を落として、永い事、その新鮮な黄色を眺めた。

夏

Summer

蟬【セミ】

桃栗三年　蟬五年　亜米利加蟬は十七年

出《で》鱈目《たらめ》を言っているように聞こえるが、その意味するところは必ずしも出鱈目ではない。

もちろん私が考えた文句であって、こんな事を子供に教えると、子供が学校に行って恥をかくけれど、果樹と蟬とは切ってもきれない縁がある。

梨や林檎の木には、一本に数百匹ものアブラゼミやミンミンゼミの幼虫がつく事がある。実の美味い樹は根の汁もうまいらしい。信州の林檎園では、蟬が大発生をして樹勢を衰えさせる害虫となる。それで、夏の払暁《ふつぎょう》、蟬の幼虫が羽化しようと土中から出て来たところを、幹に罠をしかけて大量に捕えた。

さて、そのセミの子を捨ててしまうのはもったいないので、そこは名だたる虫好きの信州人のこと、食べる工夫をした。アブラゼミだから勿論油で空揚にして塩を振り、麦酒のつまみにしたそうである。ところが何分にも量が量だから、これを缶詰にして売ろうとしたのだけれど、どうも販路が開けなかったという。梨や林檎の樹の汁をたっぷり吸って大きくなった蟬が、まずい筈はないと思うが、やはり空揚は揚げたてに限るのであろう。

アブラゼミやミンミンゼミが卵から幼虫を経て成虫となり、めでたく飛び去るまでに満五年かかる事は確かめられているが、その他の蟬の生活史については、まだまだ解らない事が多いらしい。何しろすべては土の中の事なので、人間には窺い知れないのである。北アメリカには、成長するまでに十七年を要するジュウシチネンゼミがいるけれど、「亜米利加蟬は十七年」と唱えていると、厄払いの文句にある「東方朔《とうほうさく》は八千歳、三浦の大介《おおすけ》百六つ」を連想するが、実際、蟬は昆虫の中でも屈指の長寿者であり、めでたい虫であると言わねばならぬ。

十七年間、暗く冷たい地中で暮して、その挙句、明るい陽光の下で楽しく飛び、かつ歌えるのはようやっと二週間、何と割の合わぬ、気の毒な蟬の一生……と人間は考える。だが地中の温度は大気中よりは安定しているし、何よりも天敵が少ない。せいぜいモグラに食われるか、冬虫夏草というキノコにとりつかれる位。しかも冬虫夏草にやられるのは、人間が癌にかかる確率よりもはるかに低いと思われる。林檎や梨の木の根方にいて、気のむいたときにストローのようなその口で樹の汁をすう。蟬の幼虫は実のところ気楽な生活をしているのである。

ところが、ひとたび地表に出れば七人の敵どころか、いたるところ敵だらけ、鳥やカマキリ、男の子、それに猫までが蟬を狙う。子供の頃、ウチの松の木で蟬が鳴きはじめると猫が大抵しとめてきた。それを私が大抵とりあげた。その木にアブラゼミが来るのをウチの雄猫も、私も、一日待っていた。

夏休みの朝、目が覚めると、遠くにある昔からの庄屋さんの屋敷の林で、シワシワシワシワとクマゼミが鳴いている。今日も学校に行かなくていいんだ、暑くなれ暑くなれと、嬉しくてしかたがなかった。

山の麓の杉林でヒグラシが鳴いているのを見ると、ときどき横腹に白い綿のようなものをつけているのがいる。それはセミヤドリガといって、蟬に寄生する小さな黒い蛾の幼虫である。それでなくとも短い命が、これにとりつかれて今日か明日かという事になってしまう。これが本当のその日暮しというところ。だから地中から出た蟬は案外、ヤケになって鳴いているのかも知れない。

オーシーツクツク、オーシーツクツク

というのは夏の去るのがつくづく惜しいという意味であろうが、そのあとに、

オーシーツクツク、モウイイヨー、モウイーヨー、チーヨー、チー

とも鳴く。私も死ぬときはモーイーヨー、チーと諦観を述べてやろうかと思う。

ミーン、ミンミンミンもカナカナカナも、いずれも好ましい声である。日本の蟬は世界でも最も風情のある声で鳴くような気がする。

南仏の虫友に、彼の地では蟬の声をどう聞くか問いあわせたら、三種類の蟬の声をフランス人の語感で書いて送ってきた。すなわち、zzzzzとcra. cra. cra. cra. cra. そしてzi. zi. zi. zi.

フィリピンでは、ウィンウィンウィンウィンと言えば、蟬のことと解るという。では中国の蟬は、何と鳴くか。それは、

蟬蟬蟬蟬

に決まっている。

3の蟬はキエリアブラゼミ（*Tacua speciosa* Illiger, 1800）。マレー半島、ボルネオ、スマトラ等東南アジアに広く分布する。この図が描かれた頃には、ウィーン帝室博物館に保存される一個体が知られるだけであったという。1、2はテングスケバの類。1は*Fulgora lineata*、インドその他に分布。2は*Pseudaphana pallida*、分布はインドその他❹。カットはキボシヒメクロゼミ（*Gaeana maculata* Drury）で、分布はインドシナ半島、中国その他❺。

獨角仙【カブトムシ】

剛勇アトラスオオカブト

カブトムシといえば西瓜を連想する。

小学一年生の夏休み、大型の針金製ネズミ捕りの中で西瓜に武者振りつくカブトムシを、毎日見つめて暮した。お昼に切ってやった西瓜の切端が、三時頃になるともう、暑熱のためにわるくなり、みずみずしいような青くさいような匂いから、あまったるいゴミ捨場の臭いに変質している。トマトの場合も、健康そうにはちきれんばかりの真っ赤な肌に細かい皺がよってたるみはじめる。それにムンムンするカブトムシ特有の、クヌギの樹液を思わせる体臭が混じって、一種異様な雑木林の中の雰囲気が針金の籠の中に充満している。

夏休み中、私は病気で入院させられていた。現在の私の時間感覚では、一年にも二年にもあたるほど、その四十日間が長く感ぜられた。どこも痛いところはない。ところが私につききりで、学校にまでついてきて私を甘やかした伯母が、「どうもこの子は足をひきずる」と言うのである。それに私はツベルクリン反応が、初めて受けたときから強陽性であった。それで脊椎カリエスやら何やらを心配した院長さんの指示で、姿勢をよくするために、板にシーツ一枚を敷いただけで寝かせられた。そんな上になぞ痛くて寝ていられるものではない。伯母は医者や父に内緒で、こっそり掛蒲団の上に寝る工夫をしてくれ、結局なんにも養生をせず、どうという事もないままにその時は退院したのであった。

ネズミ捕りに手を突っ込んでカブトムシを摑むと、肢《あし》の刺《とげ》で指が痛い。角を持つと肢をもがく。宙を掻く様が気の毒である。指にとまらせてみたりして遊んでいると、手がひっかき傷だらけになってしまう。人の手が触れるとグイと反撥するこの強力《ごうりき》の甲虫《こうちゅう》が、体中から発散させるヒロイズムに、私は一種畏敬の念と憧れを抱いていた。

カブトムシは日本の虫の中では、押しも押されもせぬ横綱であるけれど、熱帯地方には、更に更に大型の、体軀もこの三倍から四倍もありそうなのがいて、まさに地の涯の巨人族の観がある。そのうち東南アジアに棲息し、我々に最も親しみがあるのはカルコソマ属のオオカブト類、なかんずくアトラスオオカブトである。図のコーカサスオオカブトとよく似ているが、角の突起の数や前胸の形等で区別される。つまり被っている兜の型が違うのである。

アトラスオオカブトは近似種の中で黒漆《くろうるし》の輝きが一番華やかで、形もすらりと優美である。人に見せると「何か塗った?」と必ず訊くのが腹立たしい。体の大きさから、その大力は容易に想像されるが、フィリピンでの採集経験の豊富な友人、虫山蝶太郎氏によれば、うっかりシャツの胸にとまらせたりすると、鉤爪をがっきと打ち込まれて、無理に引きはがそうとすると血がにじむほど痛いそうである。

ミンダナオ島では、トバという椰子酒を造っている人達がこの虫の採集人を兼ねている。椰子酒というのは椰子の実の汁から造るのかと漠然と考えていたが、そうではなかった。高い椰子の木の、葉の出ている根本あたりに竹筒をグサと差して樹液を集める仕掛がしてあるのをよく見かける。この樹液に糖分が含まれて

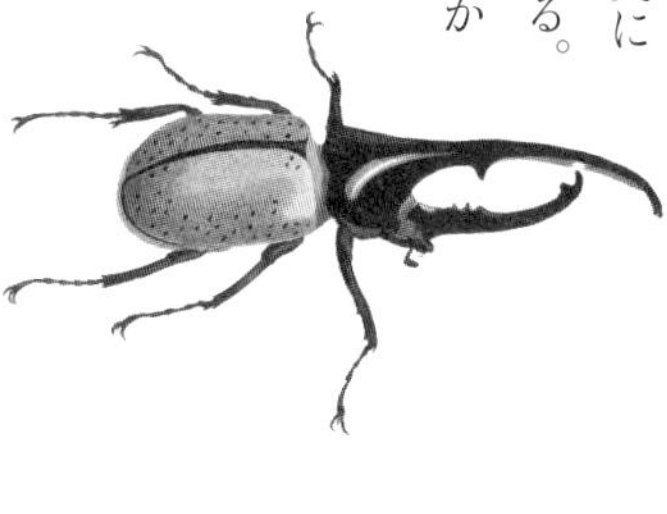

東南アジア産のコーカサスオオカブト（*Chalcosoma caucasus* Fabricius）。原著者はインドネシアのアンボン島（アンボイナ）産としているが、アンボンに本種は産せず、恐らくはジャワ産の標本から描いたものと思われる。カルコソマ属にはこの他に2種が知られていて、それぞれC・アトラス、C・モーレンカンプと称する。いずれも大型で黒色、角が4本ある。その中で一番巨大なのは、筆者の知見ではコーカサスオオカブトのマレー産の個体である。そして一番得難く、一番容貌怪異なのはボルネオの山地にのみ分布するモーレンカンプオオカブトである。アトラスオオカブトは一番分布の範囲が広い。各種とも黒漆の光沢を有するのみならず、見る角度によって緑がかった虹の色、あるいはたまむし色を呈する❹。カットはヘラクレスオオカブト（*Dynastes hercules*）の雌雄。南米、中南米に分布する。

いて、発酵させると酒になる。木の上で既に発酵してアルコールの匂いが漂うらしく、フタオチョウなどが集まってきているが、そこにアトラスも飛来するのだそうである。

また別の採集法は、ミンダナオ島の最高峰アポ山中での話であるが、サトウキビを糸で吊し、それに糸で胴を縛った雌をとまらせる。雌は灯火に来る事が多いので手に入りやすいのである。そうすると夜間、ブーンともの凄い羽音をたてて雄が来る。「あ、来たぞ」とあわてて採りに行こうとすると、現地の人が笑って手で制する。サトウキビがあり、雌がいれば雄はそのまま居つづけをするから、翌朝ゆっくり雄を糸で捕縛すればよいのである。そんな風にしてサトウキビに止まらせた雌雄のアトラスオオカブトが何組も庭先に暮している。標本商が買いに来てくれるのを待っているのである。アポ山中は極端に湿度が高く、何にでもたちまちカビが生え、腐ってしまうので、ものを保存するという事が非常に困難である。従って一番よい方法は、虫を生かしておくことなのである。

こうしてアトラスオオカブトは、あわれ蒐集家の箱の中にその勇姿をとどめることになる。酒色におぼれる英雄の末路はかくのごとし。

青蜂

【セイボウ】

ジガバチの増上慢を懲らすもの

女の人が無理に腰をギュッと絞っているのを見ると、思わずジガバチを連想する。あの蜂の極端に細い腰は、尾端の剣で獲物の腹側の神経中枢を刺すときに、腰が自由自在に曲がるようになっているのであろうと思われる。

ジガバチはイモムシをつかまえてきて麻酔をほどこし、土の中に掘った穴の中に入れて卵を産みつける。獲物は麻痺させられているだけで死んではいないから、卵から孵《かえ》った蜂の幼虫は新鮮な、というより生きている肉を食いながら大きくなるのである。

親蜂が巣の前でたてるジジジジという羽音を、昔の人はジガジガ、すなわち「似我似我」と聞きなした。蜂が蜘蛛に、我に似よ、我に似よと呪文をかけているというのである。それで「我に似よ〳〵とはいかにをのが身を思ひあがれるにかあらむ」と蜂の倨傲《きょごう》を憤ろしく思う人もある。しかし、親蜂が獲物をしまい込んだ巣穴から、やがて若い蜂が颯爽と出で立つのであるから、ジガバチとは成程、上手い命名である。昔の人もよく虫を見ていたものである。

安いからといって毎日豚肉ばかり食っていると、何となく顔が丸くなり目が細くなって容貌が豚に似て

くる。あれは食われる豚が怨念をこめて「似我似我」と呪文をとなえているのではあるまいか。東京のある大きなトンカツ店に行ったら、店で忙しくたち働いている大勢の若い女の子たちが、揃いもそろって色白で血色がよく、美味そうにころころ肥っているので感心した。美という漢字は羊の下に大と書く。これは羊がよく肥って大きく見事である様を表わす文字なのである。つまりよく肥えて美味そうな人こそが語源的にも正しい美人ということになる。

それはさておき、獲物にされる虫にとって蜂の脅威はそれこそ不条理な、避ける事のできない絶対的なものので、まさに天敵である。それで、鱗翅《りんし》類の幼虫などを狩り、壺型の泥の巣を造るスズバチ、トックリバチの仲間の属名はエウメネスEumenesとつけられている。ギリシャ神話のエウメニスあるいは複数形でエウメニデスは復讐の三女神で、アイスキュロスやド・クインシー、そしてボードレールが書いているように、罪ある者を逃るべからざる力で追いつめ、恐怖によって発狂せしめる世にも恐ろしい存在である。狩人蜂の猛威をよく表わした学名であると思われる。

では、狩人蜂の類は天下無敵なのかというと、無論のことそうではない。ジガバチにはセイボウという天敵がいる。セイボウは小さな蜂であるが、青や緑や赤に輝いていて、金属製の細工物のような趣きがある。この小さな蜂が獲物にされた蜘蛛やイモムシの敵を討つ。セイボウがジガバチの巣に卵を産みつけ、その幼虫がジガバチの卵を吸い、貯蔵された食糧を失敬して育つのである。これを重寄生《じゅうきせい》と言うのだそうである。テキ屋からショバ代を取りたてたヤクザの、そのまた上前をはねるような凄い奴で、この手の虫は皆小柄で一見弱々しくみえるところがまた無気味である。

蜘蛛が蝶蛾を捕えて食う、その蜘蛛を狩人蜂が専門に狩る。蝶蛾の敵は狩人蜂が討ち、蜘蛛の敵はセイボウがやがて討つ。因果は廻る糸車。誰も怨みっこなしである。そしてもしこういう関係がなかったなら、イモムシにしてもジガバチにしても増えすぎてしまう可能性がある。ジガバチばかりが増えすぎるなら、蜂の方もやがてイモムシを食い尽くして自らも滅びる運命になる事は目に見えている。だからこの食物連鎖こそが自然のコントロールである。そういう規制を自分の手で外そうとし、「幸福の追求」に全力をあげている人間にはいずれ大きな破局が来る。

と、そんな先の話はどうでもいいとして、バルザックはパリを巨大な蜜蜂の巣箱にたとえた。カフェにすわってフランス人のグループが議論しているのを、傍で聞くともなしにきいていると、一人が甲だというと必ず誰かが乙だと反駁する。それが彼らの習慣であるらしい。他人の噂話、サッカーの話、映画の話、食い物の話。話題はつきず他愛もないが、肝腎なのは論旨ではなくて自分を押し出すことのようである。お互いに必死になって自己主張をしている。連中のそばにいるだけで疲れてしまうが、ぼんやりきいているとその喧騒の輪郭がぼやけ、だんだんと蜂の羽音に似て聞こえてくる。ジジジジ……あれは多分自我《エゴ》自我《エゴ》と呪文をかけあっているのであろう。

1は*Chrysis imperialis*、インド南東部トランケバール産。属名*Chrysis*はギリシア語起源で「金張りの」あるいは「金色に輝く」を意味し、種名は「帝王の」の意。2は*Stilbum oculatum*、アジア産。ケーニッヒ博士が発見し、ファブリキウスがサー・ジョーゼフ・バンクス所蔵の標本によって記載命名した種。上の図も同じ標本から描かれた。属名*Stilbum*は、「磨きあげられた」もしくは「キラキラ輝く」の意。種名は腹部の眼状紋に由来する。個体により色彩に変異が多い。3は*Stilbum splendidum*、オーストラリア産。発見者、命名者、標本所有者ともに2に同じ。大型種(9/10インチ)で、種名はその見事さを表わしたもの❹。カットは狩人蜂の類❺。

吉丁蟲

【タマムシ】

やんごとなき　さちあるもの

「おなじ宝の名によばれて、玉むしはやさしく、こがね虫はいやし」と横井也有は『百虫譜』の中で虫の品定めをしている。

コガネムシはお金を想わせる故に卑しいというのはもちろん金銭蔑視の思想で、日本式痩せ我慢のたてまえであるが、尾張藩の重職を捨てて隠棲したいと早くから願っていた也有の場合は、心からそう感じていたのかも知れない。しかしタマムシの方が一般に輝きも強く、形も丸味を帯びて宝石のように優雅で美しいということに異論はない。

タマムシが昔から「御くしげの中なる白《はく》ふんの中にまろびて」、つまりコンパクトの中で白粉《おしろい》まみれになって寝ころんだまま、人間でさえも骸《むくろ》は野辺に捨てるならいであるのに、十年も二十年も貴人の持ちものとして、その姿を留めるのは、やんごとなきさちあるものとして貴ばれたからであるという。虫の世界を人の世になぞらえた草子などでも、タマムシはお姫様役をつとめている。ところが同じタマムシでも地味なコゲ茶の種類は、ウバタマムシとよばれている。ウバは姥であろう。それとも玉虫姫の乳母であろうか。齢はごく若いのに、老け役ばっかりの女優さんみたいな、不当な扱いである。もっともウバタマムシを、美しい方のタマムシ、すなわちヤマトタマムシの雌と信じている人もいるようである。
タマムシに近縁な虫といえばコメツキムシである。コメツキ、つまり直接には田を耕さないとしても、米を搗《つ》くのだから、今の言い方だと農業関係者ということになる。虫にも身分制度を適用して、タマムシが士ならぬ公家、コメツキムシが農、コガネムシが商として工がない。ところが英語ではタマムシ、カミキリムシのように樹木に孔道を穿って棲んでいる幼虫すなわちテッポウムシとその親を、木に孔をあける虫という意味でウッド・ボーラー（woodborer）と総称しているから、タマムシもアメリカに行けば工の身分に落とされてしまう。

ニューギニア高地人の男子は、顔を隈取り、ゴクラクチョウの羽根で造った帽子を被って、エナメルを塗ったようにピカピカ光るハナムグリ、タマムシを幾つもいくつも蔓草で縛って連ねたものを、鉢巻にした上、トリバネアゲハを額の真中にとりつけて威張っている。男は模擬戦争とおしゃれに憂き身をやつし、女は豚に自分の乳をふくませ、畑で芋を作っている。どうやってこんな社会をつくり上げたのか、最初の男の指導者の、髑髏《しゃれこうべ》でもあれば持って帰って香を焚きたい。

玉は魂と同根の語である。人間を見守り助ける働きをもつ精霊の憑代《よりしろ》となる、まるい石などの物体が玉の原義（『岩波古語辞典』）とある。従ってタマムシが美しいばかりでなく不思議な力を持つと考えられるのは自然のなりゆきであって、身につけて持っていれば、想う人にめでいつくしまれると言われるのもそのためであるし、もっと実質的に、簞笥に入れておけば着物が増えるとも伝えられている。白粉の中に入れておくのも同じである。

ヤマトタマムシは世界でも指おりの美しい昆虫である。法隆寺の玉虫厨子も、今でこそタマムシの翅鞘が

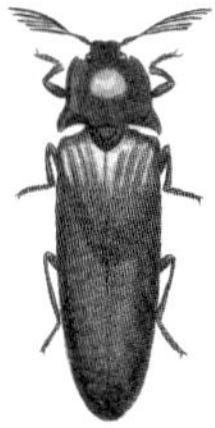

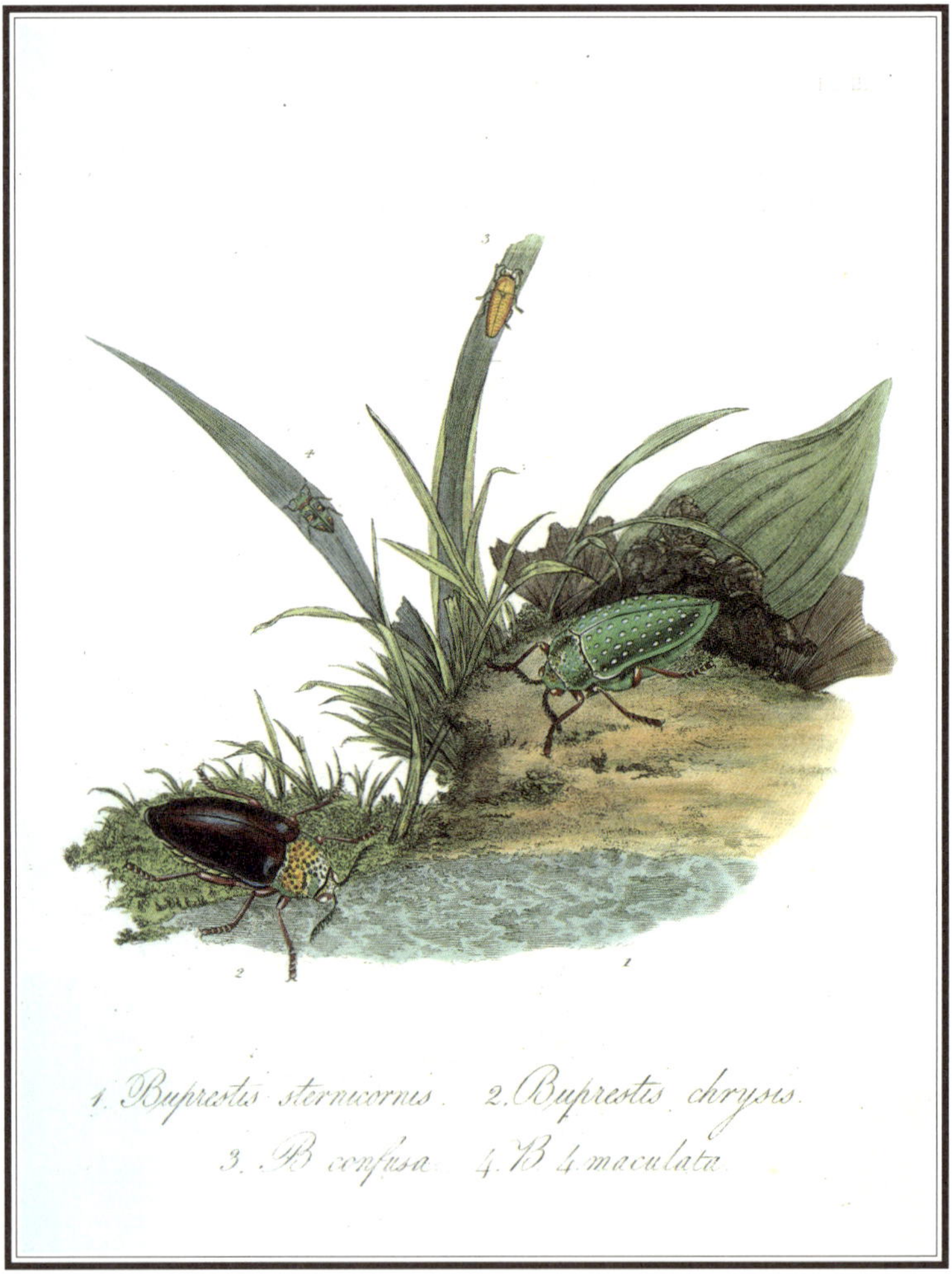

1はシラホシフトタマムシ(*Sternocera sternicornis*)、インド南部、セイロン産。2はクリバネフトタマムシ(*Sternocera chrysis*)、インド南部産。「両種ともマドラスおよびボンベイから送られてくるが、大抵の場合不完全品である。それは現地人がこの虫の両端に穴をあけ、ビーズのように糸を通すからである」と原著者は記している。3は*Buprestis confusa*とあるが、*Sphenoptera aenea*のシノニムでインド南部、東部の産。4は*Chrysobothris quadrimaculata*、日本のムツボシタマムシと同属、西インド諸島産❻。カットはコメツキムシの一種の*Tetralobus flabellicornis*、西アフリカ、シエラレオネ、ギアナ産。ただし見事なヒゲを有するのは雄のみ❺。

剝落し、黒ずんで見るかげもないようであるが、その完成時からしばらくは、それこそ人々の魂を奪うばかりの華麗さであったろうと思われる。

古代日本の宝物の中には、貝殻や鳥の羽毛や甲虫の翅鞘など、美しい色彩を動物に求めたものが多い。結局は未開人の工芸品と同じ材料の自然物を使っている訳である。

ヤマトタマムシは稀な種ではない。かつて大阪南部和泉葛城の山の中で、一本の枯木に、この虫が大発生している光景を目撃した。丁度天気のよい気温の高いその日に、一斉に羽化したものらしく、発生した榎《エノキ》の高木の梢上を無数のタマムシが飛びまわっている様は、五色の彩雲とでも形容したいようであった。

熱帯の昆虫にしばしば見られる強い光沢は、体温が上がり過ぎぬよう、陽光をはね返すためのものであるという説があるけれど、炎暑のさかりにいつまでも木の葉の真中に止ったまま、身じろぎもせず熱帯の太陽を満身に浴びて輝いているタマムシを見つめていると、ふーっと魅入られそうになる。これこそは生まれながらの美の化身で、葉上のこの虫は、たしかに人間の得ようとして得られぬ時間の停止、瞬間の中の永遠を所有している。

実際、短い虫の一生などと誰に言えようか。

緋色源平蝶

【ヒイロツマベニチョウ】

この世は蝶の夢にぞありける

青鸞《せいらん》の尾羽根、翡翠《かわせみ》、蜂雀《はちどり》、太陽鳥の羽毛、ウラニア蛾の翅、玉虫の翅鞘。世の中にあでやかな、華麗なものは数々ある。しかし色彩の渦に疲れたとき、逆に目を驚かすものは簡素の美である。

南米産の華麗蝶、モルフォ、プレポナ、アグリアスの箱から、粉蝶《しろちょう》科の箱に目を移したとき受ける鮮烈な印象は、大編成の交響楽に慣れた耳が、高地民族の奏でる単調な旋律に接したときの悦びに似ている。

蝶の翅は四枚しかない。その身体は左右対称であるから、与えられたカンヴァスは、いわば前後、あるいは上下二枚の翅だけである。翅の形は蝶の科や属によってほぼ決まっている。そして粉蝶科に属するものの色彩の基本は白または黄である。たかだか数平方センチの、その白い地に、一色か二色、ほんの一刷毛の彩りを用いて、自然は無限の、人間には思いもよらぬ文様を創り出す。

ツマベニチョウは全身純白で、翅端にただ一色、紅を差している。粉蝶科最大のこの蝶を、戦前、台北の日本人は「源平蝶」とよんでいたそうである。碧い空を背景に、ツマベニチョウが何頭も赤い仏桑花に吸蜜に来ているところは、源氏の白旗、平家の赤旗がいり乱れ、せめぎ合っているようである。

赤と白の忙《せわ》しいフラッシュ、その華やかさは、展翅《てんし》した標本ばかりを眺めていたのでは夢にも思わぬとこ

ろで、蝶というものは、まことに立体的な昆虫である。

　アジアの亜熱帯から熱帯にかけて分布するツマベニチョウは、琉球、台湾、フィリピン、スマトラ、ボルネオと、産地ごとに微妙に変化していき、ニアス、アンダマンでは素晴らしい変容をとげる。亜種の総数三十三、これをすべて蒐めるのは容易な事ではない。

　そしてアンボン、セラム、ブールーの島々においては、遂に地色が白から黄色に、前翅の大半が緋色という別種になる。それが図に示した、ヒイロツマベニなる、やや矛盾ぎみの和名をもつ蝶なのである。

　ツマベニとヒイロツマベニが別種であるか否か、実は最近まではっきりしなかった。ヒイロツマベニも、あれほど変異の多いツマベニチョウの極端に変化した一亜種に過ぎまいという説の方がむしろ支配的で、そこには昔の博物学者の趣味《ホビーイズム》、すなわち虫への愛ゆえの細分主義を軽んずる気持ちもはたらいていたのである。

　ところが、去年の十月、出谷裕見という青年が、セレベス（スラウェシ）島の傍のバンガイ（ペレン）という小島で、ツマベニとヒイロツマベニが混飛し、同一の樹に訪花しているところを発見した。同所に二亜種は分布しない理屈である。同種間の亜種同士ならばやがて交雑してしまうであろう。

　そのバンガイ島産ヒイロツマベニの実物を見せられた。なんと上・下翅とも、全面オレンジ色に輝いている。こんな変異の可能性があったのか。誰が見ても明らかな新亜種である。亜種名は発見者の功績をたたえて、*detanii*とでも付けられるのであろうか。

　手柄をたてた出谷氏に会ってみると、予想のとおり、ほっそりと華奢で、寡黙な人であった。熱帯の太陽に焼かれ続けた顔は黒さが底に沈んでいる。四、五人で飲みながら、話を聞く。ぽつり、ぽつりと最初は控え目に、酔ってくると夢中になって語るのは、しかし、既に採った蝶のことではなく、これから三年ずつをかけるという、アフリカと南米の採集生活への不安と期待である。

アフリカにも、南米にも私は欲しい虫がいっぱいある。それも有名な珍種ではなく、普通の標本商の送ってくれない、雑甲虫、雑虫が欲しいのである。ぜひ採って送ってくれと繰り返し言うと、彼は突然顔をあげて「いくらで買ってくれますか」と光る目で訊き、また顔を伏せて、「生活がかかってますから」とつけ加えた。

これでこそ採集家として永続きがする。私はとても頼もしく思った。新しい、人の知らぬ虫を採り続けたいのである。ぬくぬくと書斎にいて虫をいじり、採集者の苦労を解さぬ者にはそれだけの報酬と引きかえでなければ渡したくない。

もちろん買う。

「アフリカ、南米に三年ずつをかけるとして、人生は短いなあ」

と私が歎息すると、そこにいた全員がうなずいた。

毛虫、芋虫の親に人生を賭して、何が面白いか。私としては、「ただ憧れを知るもののみ」と答えたい気分である。

1はヒイロツマベニチョウ（*Hebomoia leucippe*）でアンボン島産。2はインド産の*Colotis danae*で、英名はThe Crimson Tipである。crimsonは紫がかった深紅色であるから、和訳すればこれもツマベニチョウとなる。1、2いずれも図の学名は昔使われたもの❹。カットはクモマツマキチョウ（*Anthocharis cardamines*）❸。

青衣童子

【ハエ】

咬まず　刺さず　ただ舐めるだけ

子供のときに永い病気をした。付添いの派出婦さんに来てもらったのだけれど、その付添いさんがときどき代わる。永い人で一年と少し、短い人は三カ月位だったろうか。子供といえどもその女の人たちの中に私と相性のいい人とわるい人があって、後者の場合は、まったく閉口した。

眉の薄い、小太りの、方言なのか「ち」とか「つ」がよく発音できない人がいた。「ぼっちゃん」が「ぼったん」になる。ある日、蟹が食膳に出た。私はあお向けに寝たまま一口ずつ食べさせて貰うのである。その人がワタリガニの脚から塗り箸で身をせせり出して皿に盛ってくれる。彼女も蟹が好きと見えて、指をちゅぴっと舐めなめ作業に励みながら、ついでにお毒見をする。蟹が半分に減ったことも残念だけれど、それ以上にきたならしい感じがした。私としては、そう言ってよいものなら、「もう要らん、おばちゃんにやる」と言いたいところであった。

人間は指の先で味が分からないから不便だろう、と蠅が言うかも知れない。蠅の肢の先を顕微鏡で見ると、男の毛脛よりもたくましく剛毛が生えているのに恐れいる。その肢の先の先、鉤爪のあたりに褥盤《じょくばん》というものがあって、それでちょっとものに触っただけで連中は味が分かるのである。

蠅はもちろん口でも味が分かるけれど、肢の先でまず判断がつく。肢を口にもっていってちゅびっと舐める手間が省けるのである。それだけ仕事が速かである。

蠅はとにかく食べものを探すことに一所懸命である。「三匹の蠅は一頭のライオンと同じ位の早さで馬を食べ尽くす」とリンネは言ったそうだが、食物さえ充分にあれば蠅の殖え方はものすごい。一対の蠅の夫婦の卵がすべて育つならば、春から秋までの間に191×10^{18}匹になる計算だという。それはどういう数かというと、地球の上を百万マイルの厚さで蠅が蔽《おお》うというのである。これを蠅算と称する。もっとも「卵がすべて育つならば」というのは絶対に有り得ない仮定であって、そういう仮定がもし成立するならば、アダムとイヴの子孫もやがては地球を百万マイルの厚みをもって蔽うであろう。

蠅の子供は、汚いものを処理し、少し大きくなったところで、その殆どが他の虫や鳥に食べられてしまう。まことに蠅こそはこの世になくてはならない神の子なのである。

キンバエが汚いものにたかっている。金緑色や赤銅色に輝く、造りもののように綺麗な昆虫が、そのために汚穢《おわい》の観念と結びついてしまった。キンバエを花にとまらせてもやっぱり汚い。この蠅こそは、美しい虫は穢《きたな》いという命題の好例である。

小学校の終わり頃に、阪大病院に入院した。手術の前には一週間位、毎日毎日検査をする。西洋の囚人が着せられているようなパジャマを着て、血を採られたりしているうちに、子供でもすっかり病人の気分になる。石炭酸やクレゾールの臭いのする薄暗い、黴菌《ばいきん》がいっぱいいそうな空気の充満している病院の、リノリウム張りの濡れた廊下を、そろりそろり、付添いさんを従えて散歩していると、世間の人は私をいたわる義務があるような気がしてくる。

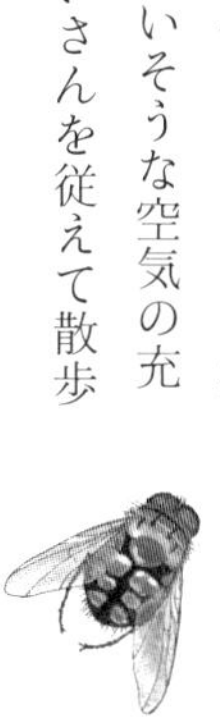

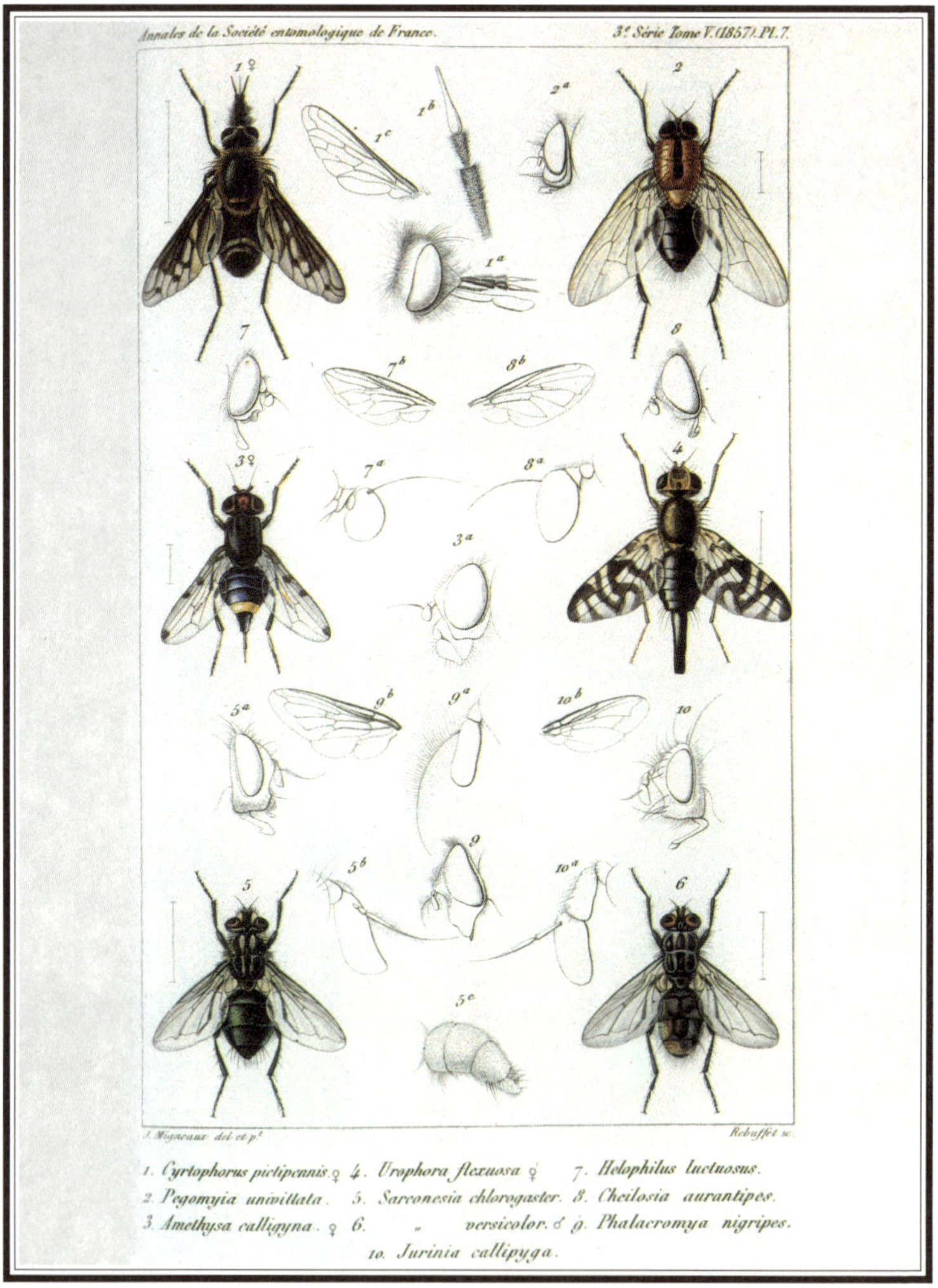

M・J・ビゴ「チリ産双翅目の新種について」の図版（「フランス昆虫学会年報」1857年より）。いずれもジェルマンという人物の採集品。ビゴは前置きに「拙論は、薄倖な、見捨てられ、軽蔑せられたる双翅目に一般昆虫愛好家の注意を喚起するものである！」と双翅目へのアマチュアの冷淡さをなじっている。筆者もどちらかといえば双翅目に対しては冷たい方で、2がハナバエ科に属するという以上の解説を付すことができない❻。カットはインドネシア領西イリアン、ナビレ産。恐らくは世界最美の蠅、蠅の王である。財津理一郎氏筆。財津氏の言を借りれば、実物は「絵にも描けない美しさ」である。

広いところに出てみたくて、こっそりと非常扉から人気のない屋上に出た。屋上も汚れ、煤《すす》けて汚いけれど、そこから見渡す大阪の市街もきたなかった。緑というものが殆どなく、空も灰色に濁っている。胸壁にもたれて中庭を見下ろすと、渡り廊下に実験用の犬がつながれ、腹にガラス管が血のにじんだ包帯で巻きつけてあるのが見える。

初冬の冷気の中を大きな黒い蠅がぶーんと飛びまわり、排水溝の中にはキンバエの死骸がいくつも落ちている。中味はすっかり朽ちているが、外骨格だけが残って、印度製の微小な指輪のようにころがってキラキラ光っている。拾いあげたくなるほど、それはきれいであった。

五月、薫風の吹きわたる二階の畳の上で、本を枕に昼寝をしていると、小さな蠅が飛んできてぴたぴたと冷めたい口吻で私の顔の味見をする。そして、

「ふん、不味い面だ。まだ生きてら」

というように、残念そうに飛んでいってしまう。

顔にたかる蠅を大様《おおよう》に追っては寝返りを打ち、槐樹《えんじゅ》の根方の蟻の王国の、婿養子になった夢のつづきでも求めるのは、また人生の大きな幸福のひとつである。

太陽蝶

【モルフォヘクバ】

翅に灼きついた白日の記憶

小学校の終わり頃に、昆虫専門の雑誌というものの存在を識った。「新昆蟲」と、まだタイトルに旧字を使っていたその雑誌に、標本商の広告が出ている。それで通信販売によって東京から虫を買うことを覚えた。「富田昆虫研究所」とか「大蔵生物研究所」とか、標本商は大抵、研究所を名乗っていた。東京の私書函宛に切手を送ってカタログを貰う。最初は手書きガリ版刷り、後には上質紙に活版印刷になった「蝶類定価表」を、学校から帰ると寝るまでにらんでいる。

ときどき「新着標本案内」に南米のモルフォ蝶が出る。『世界の蝶』という図鑑がちょうど出たばかりであったが、その図鑑を毎日見ていると、あるページ全部を一頭で占領している大きな太陽蝶が欲しくてたまらなくなった。これもまたモルフォの一族だが、青い鏡のように光るのではない。黒に近い焦茶の地に、翅端のきつね色から体の中心に向かって次第に明るくなっていく黄で、日輪の輝きが描かれているのである。

この蝶に関してはブラジルかどこかの原住民の間に次のような伝説があったそうである。昔は太陽が二つあった。一日の半分ずつを交替で照りつけるので暑くてたまらない。

部族の長老たちが長い旅をして世界の涯に棲む雌雄の巨大な蝶に、せめて一日の半分だけでもその翅で日を覆うてくれぬかと頼んだ。蝶どもは一匹で世界の半分を覆うほど大きかったので、向かい合って翅を拡げ、大きい方の太陽の照るときに一所懸命、日を遮ってやった。その太陽は怒って渾身の力を振るって照りつけたが、あまりの怒りのために自分から燃えつきてしまい、顔色が悪く病気がちになってしまった。こうして夜が出来た。しかし二匹の蝶も同時に力尽きて死んだのである。その死骸から親そっくりの形をした蝶が沢山飛びだした。蝶の子らが向かい合わせた翅を拡げると、白熱の太陽がそこに現れるのは、両親が人間のために日を覆ってやったことのしるしなのである。だから太陽蝶は今でも、大樹海の上空をゆっくり斑紋を見せながら滑翔するように自慢げに飛ぶのである。

遂に母の許しを得て太陽蝶の注文書を出した。

「拝啓　左記の品お送り下さい。

Morpho hecuba　敬具」

という、何だか短すぎる手紙に、それでも「大きい、特に綺麗で新鮮な標本を選んでお送り下さい」と今なら付加えるところを、恥ずかしく、はばかられて、これだけ書いて出す。代金は品物が着いてからでよいのである。

毎日、今日は来るかと郵便を一日千秋の思いで待っている。小さな紙箱に段ボールで外装をほどこし、ニホンカモシカの八円切手を貼った小包が届いたときは、紐をほどくのももどかしかった。パラフィン紙の三角紙の中に、更に和紙で包まれた翅をたたんだままの太陽蝶が入っている。

乾燥標本に湯を注射して開いてみると、インカの、太陽の祭事を司どる神官のマントの紋様もかくやと思われる、それこそ目のつぶれるような光輝である。図鑑の色とは比較にならぬ。

中学の隣のクラスに東君という目が大きくて背の高い、ゴリラの骨格標本みたいに姿勢の悪い男がいた。色が白い、というより青白く、血色が悪かった。両親が二人とも結核でとても困っているという噂であった。そのクラスで一番の秀才なのである。放課後、彼が荷台のがっしりした自転車で何かふろしき包みを配達しているのを見かけたことがある。お母さんの内職の品を届けるところだろうと思った。

彼としてもめったにそんな暇はなかったのだが、私の家に遊びにきたことがある。ちょうど太陽蝶が展翅《てんし》板に載って乾燥を待っているところであった。人に自分の標本を見せたがらぬ私が、つい、それを彼に見せた。東君はどんぐり眼をむいて「うわあ」と称讃の声をあげた。

「高かったやろ。なんぼしたん?」と彼が訊いた。私は「しまった」と思ったけれど正直に答えるのが義務であるような気がした。

「一六〇〇〇円」

一瞬、彼が息を呑んだ。別に誰を恨むでもない、人の好い東君の驚きの表情を想い出す故に、私は今でも太陽蝶の標本を見ると何となく申し訳ないような気分になる。

いや別に誰に対して、というのではないのである。虫いじりに没頭することがいわば純粋に後ろめたい。その後ろめたさは楽しさの裏返しなのであるけれど。

太陽蝶（*Morpho hecuba*）。ドイツ・ハンブルクの駅の新聞売りの屋台のような古本屋で、老婆が紙挟みにはさんで売っていたもの。図鑑の一頁であろうが、詳細不明。カットはアポロチョウ（*Parnassius apollo*）、ヨーロッパ、中央アジアの山地に棲む。太陽神蝶である❸。

巨人大角花潜

【ゴライアスオオツノハナムグリ】

花を好む鎧武者

虫ケラという蔑称があるように、昆虫は本来卑小な、小さいものの代表である。従って大きい虫を見たときの驚きには、その固定観念を裏切られた意外性が混ざっている。

図の甲虫は世界最大のコガネムシの一種で、大きな個体になると全長一一〇ミリを超えるものがあり、手に載せるとずしりと持ち重りがする。この虫を収めてアフリカから送ってくる航空小包には、華やかな色彩の切手が一面に貼ってある。それだけ中味の重さのために郵便代がかさむのである。

この甲虫の一族は、旧約聖書の巨人の名をとってゴリアテとよばれているが、日本では英語式にゴライアスと称する。図はドゥルー・ドゥルーリー著『博物図譜』第一巻（一七七〇）からとったもので、この甲虫が図示された最初のものである。西欧世界にとって最初のその標本は、英国海軍の「レナウン号」に乗り組んでいたオーグルヴィーという軍医が、西アフリカの赤道付近で、死んで河面を浮いて流れて来たのを拾ったのだという。それをドゥルーリーが十ポンドで買ったのである。これはほぼ当時の召使いの年収にあたる。彼はロンドンの金銀細工師であるが、しばしば大金を投じて虫を買い、また虫の豪華本を出版したために破産した、虫屋の鑑ともいうべき人物である。

一八三七年に『博物図譜』を再版したウエストウッドが「この甲虫が最初に図示されて以来、七十年にならんとするが依然として一個体のみで、二頭目が採集されたということを聞かない」と書くと、採集家として著名なマクレイが、早速「私の蒐集品中にあり」と抗議を申し入れた。マクレイのコレクションを見て来たウエストウッドは、欄外に註を付している。

「しかしマクレイ氏のは大分小さい」

和名のとおり、これはコガネムシ科でもハナムグリの一族なのである。ハナムグリは飛翔に巧みで、英国でローズ・ビートルとよぶように黄色く花粉まみれになって花に潜る。ゴライアスもの凄い羽音をたててジャングルの梢上を飛び、樹冠の花に来るという。だから人の目に触れることが少ないのである。幼虫は朽木の中に棲み、白鳥の卵大の繭を造る。現地人はこれを沢山捕って、焚火の上で煮て喰うそうである。甘みがあって旨いという。一八八三年に出たある虫の本の著者は、「科学的に重要な昆虫が、そうやってむざむざと喰われているところを、昆虫学者がもし目撃したならば、学界未知の珍獣を喰ってしまった野蛮人《サヴェジ》を、その場でズタズタに斬り殺してやりたいという気持ちをなかなか抑えることが出来なかった、例の有名な博物学者の気持ちが彼にはよく解るだろうと思う」と記している。野蛮人の定義もこうなると微妙である。

ポプラ社の少年博物館というシリーズがかつてあった。その一冊の中西悟堂の書いた『昆虫界のふしぎ』という本に、比較的詳しくこの虫のことが説明してある。私は病気で寝たきりであったので、私を残して一家が映画を——家ではまだカツドウといっ

ゴライアスオオツノハナムグリ(*Goliathus goliathus* Linné)、ザイール、カメルーン、中央アフリカの産。カットはオウサマゴライアスオオツノハナムグリ(*Goliathus regius* Klug)、コートジボワール、ガーナの産。両種とも熱帯林に棲む。狭義のゴライアス属は他に3種が知られている❺。

た――観に行くことに父は非常に気をつかう。私は私で、そうやって気をつかわれることの方が嫌であった。この本はその夜のお土産である。夏の蒸し暑い夜、網戸の外の、道を隔てた田圃で、天にとどろくように鳴く蛙の声を聞きながら、頭痛がするまで夢中になってこの本に読みふけった。次はその一節である。

この虫は、大きな木からぶらさがった蔓のまわりを飛びまわっているときに、ブーンという、蒸気のような大きな音を立てていたそうで、そのすばらしく大きい翅が、うつくしいみどり色にきらきら輝やくのに、その動作があまり早いため、はじめはそのきみょうな翅の音に気がついただけだったと書いています。

第十四図が、その巨大なゴライアスです。ちょっと亀ほどもありますね。

ゴライアスの実物を手に入れたのはずっと後になってからである。ある時期忙しさにかまけて、その大事な標本を入れた箱の防虫剤が昇華してしまっているのを、迂闊にも気付かずにいた。標本の下一面に茶色い粉が落ちているのにはっとして裏を返すと、妙に軽い。カツオブシムシが無残にも腹の内側を喰い、穴があいていた。それでカツオブシムシどもを、一本の昆虫針につるし柿のように串刺しにして、件の標本の横に止めてある。標本のための虫威し、いわば案山子《かかし》のつもりである。

銀蜻蛉【ギンヤンマ】

炎天下　仮死の世界を支配する者

九月、老熟した夏の日の日盛りに、東京の街を歩いている。アスファルトの焦げる臭いがはなをつく。どこか裏通りの方で道路工事をしているらしい。握りしめた掌がべとべとする。立ちどまって古本屋の店先をのぞくと、汗が顎の尖った部分から滴り落ちるかと思われる。他人がむかし自分に言ったことが、ふいに脳裏に浮かんできた。それを噛みもどし口の中で反芻していると、言葉がだんだん苦味を帯びてくる。

うつむいて歩いている前方を、何かが飛んで行く気配がした。顔を上げて見るとこれは、こんなところで思いもかけぬ颯爽たるギンヤンマである。脚を胸の下に折りたたみ、口をきゅっとむすんで、街路樹を越え、電線の五線譜を越えて空高く、ぐんぐん遠ざかってゆく。私は路上に佇立して、それが小さな点になり、やがて消えてしまうまで見送った。勇気が湧くのを感じた。

学校から帰ってランドセルを放り出し、外に飛びだそうとすると、島田のおばちゃんが昼寝をせよと言う。

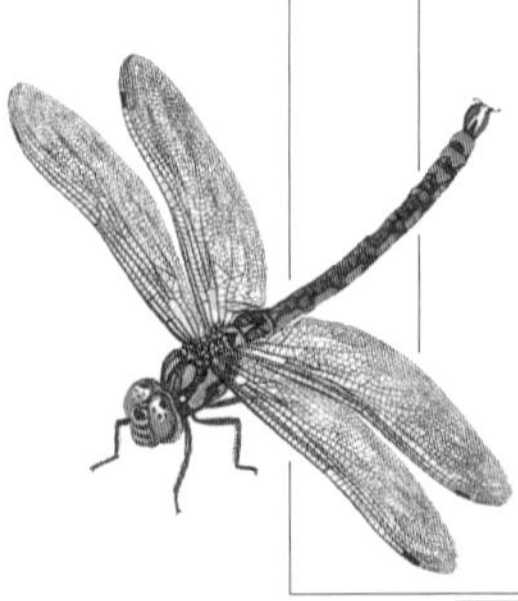

座敷に敷いた布団には、涼しげなクレープ地に水色で葭《よし》と蜻蛉が描いてある。おばちゃんは母の姉である。気の強さから婚家をとび出し、再婚の夫とは死に別れ、一人息子はニューギニア戦線、青いトリバネアゲハの飛ぶソロモン諸島で失って、おばちゃん一人になった。それで私の家に居る。もうお手伝いさんを何人も追い出した。

寝ろといっても眠れるものではない。小学校の授業の間中、ギンヤンマを捕る剣法を、手首のひねり、網を振る瞬間……と考えてきて、頭の中は虫の勇姿でいっぱいである。おばちゃんの強制が腹立たしい。

どうやらおばちゃんは玄関脇の部屋で寝てしまったらしい。自分が眠たかったのであろう、とそろり、そろり、抜き足、差し足、三和土《たたき》に降り、裸足のままズック靴を片手に、父のステッキがさしてある大きな壺から、愛用の三角網をぬき出してひんやりした通り庭をぬけ裏口へと走る。裸足は意外にぴたぴたと音が大きいものである。

裏の戸を開けると、そこは一面に水田の広がる、温気《うんき》と静寂の世界であった。田舎の午后は、圧倒的な太陽の下で、暑さに気を失っているような、一見仮死の時間である。

しかし田圃の水面下には、あたかも熱帯地の沼のように生命が充満していた。泥鰌《どじょう》どもが、人の気配を察知して、あちらでもこちらでもパッ、パッと泥の煙幕を蹴立てて姿をくらます。カブトエビがいた。私は古生物の本に書いてある三葉虫の生きているのを発見したと思った。三葉虫にしては少し小さすぎるのだが。ミズスマシ、シマゲンゴロウ、タイコウチ、タガメ……しかしそういうものを相手にすることが私の目的ではなかった。シオカラトンボがいくつもじゃれるように飛んでいた。それも相手にはしなかった。そんなものを一所懸命になって捕っているところを人に見られたら恥ではないか。稀に真紅のショウジョウトンボがいた。これを見つけると、一応網は振ってみるが深追いはしない。大事の前の小事である。

大事の大事は、あくまでもギンヤンマとの対決である。毎日、同じ水田に同じようにして雄が一頭いた。四角く区切られた水面は、すなわち彼の領地である。ぎらぎら光る水の土を悠々と飛ぶこのヤンマには素晴しい存在感があった。夏の真昼の沈黙の世界の王者なのである。網の柄を横にかまえて、じっと睨みあいをする。蠱惑《こわく》に全身が輝いている。

ときどき挑発するように空中に静止して、こちらの出方を窺うようなこともする。大きな碧緑の目が、じっと私の目をとらえている。気押されそうになって網を振るとひょいと身をかわす。網の射程距離はちゃんと読んでいて、間は充分にとっている。

蜻蛉は結婚飛行をし、ギンヤンマの雌雄がつながって飛ぶところはたとえようもない美しさである。これを私たちはマゴといった。雄の腰は青、雌の腰は草色で、雌の翅は茶色にけぶっている。それが産卵のために水田に降りて来て、稲の茎につかまってとまる。

田圃の中に踏み込むことはタブーである。そして蜻蛉捕りのルール違反である。雄一頭の縄張り飛行をねらうときなら私もそれはしないのだが、マゴの魅力には抗しきれなかった。早くしないと飛んでいってしまう。頭がくらくらするような思いで水の中に足を踏み込む。お湯のような熱さである。踏み出せば踝《くるぶし》までぬるりと軟泥に入ってしまう。まさにこれは罪である。そして歓喜である。

1は南米産カワトンボの一種(*Lestes cæruleata*)。2、3はトンボとは無関係でマドボタルの類❺。カットはヨーロッパ産ルリボシヤンマの一種(*Aeschna cyanea* Müller)。ヨーロッパにはヒメギンヤンマ(*Anax imperator*)という美麗なギンヤンマの近縁種がいるけれど、そのよい図版が入手できなかった❸。

蛾

【ヒトリムシ】

宵の火焔、暁時の残夢

東京の書斎にいて、夜間燈火の下に窓を開け放って読書をしていても、一匹の蛾さえ飛来しない。むかしの田舎はむろんそうではなかった。家にも飛び込んできたし、田圃の真ん中の誘蛾燈の、薄紫の光のまわりには、速水御舟の「炎舞」さながら、色とりどりの火取虫の群が渦を巻いていた。

学生時代に、ひと夏を信州の高山の中腹にある農家の二階で過ごしたときのことである。日没とともに窓のガラスに虫が飛んできて突き当たり、ばたばたとひとしきり暴れたあと、やがて窓枠に止まって静かになる。囚人が鉄格子に両手でつかまって、外の自由に憧れるのとちょうど逆に、蛾どもは一列に並んで部屋の中に入りたがって、じっとこちらを見つめている。

蛾の眼玉は闇の中で緑色を帯びた金色《こんじき》に光る。一見無気味ではあるけれど、よくよく見ればむくむくと子犬のように可愛い顔に見えないでもない。

蛾眉、すなわち触角を優雅にカーヴさせているものがあるかと思えば、櫛の歯状に、いかにも性能のよさそうなアンテナを立てているものがある。

夏中、毎日新しい種が現れる。まず前翅を枯葉に擬した者ども。その後翅の紋様を順に述べれば、黄色の地にでんでん太鼓の巴紋様のアケビコノハ、淡い桃色と焦茶と水色のムクゲコノハ、濃褐色にロイヤルブルーのフクラスズメ、名前通りの色どりのベニシタバ、キシタバ、シロシタバ、ムラサキシタバ。それから気の狂ったうす水色の紙片のように、いきあたりばったりに飛びまわるオオミズアオ。ジェット戦闘機のように流線型の雀蛾《スズメガ》の類、ウチスズメ、エビガラスズメ、メンガタスズメ。前翅と後翅で黄色と黒の水玉模様が反転したジョウザンヒトリ。

山地の夏は短く、秋の冷気が訪れると、地味な茶色の羽織袴のマツカレハ、ツガカレハ、そうして人が恐がるほど大型の天蠶蛾《ヤママユガ》の類、クスサン、ウスタビガ、ヒメヤママユ。

彼等の背後の闇の世界には広大な自由があり、ヨタカやフクロウに気をつけさえすれば、いくらでも好き勝手に飛びまわれそうなものなのに、彼等はわざわざ人工の明かりに憧れて来るのである。だから連中が窓辺に近づくと、私はガラス戸を開けて中に入れてやる。ついでに電燈のまわりを飛び廻る者の中から、新顔を選んでは三角紙に包み込む。これが篝火や蠟燭のような裸火であれば、蛾はその中に飛び入って身を亡ぼしてしまうことになる。

古代ギリシャ人は人間の霊魂をプシケーとよび、同時に蝶、蛾をもプシケーとよんだ。人が死ぬとその身体から蝶や蛾の姿をしたプシケーが離れていく。

プシケーはまた蝶の翅を背に生やした乙女の姿で表される。ローマの作家アプレイウスの『黄金の驢馬《ろば》』では、ヴェヌスの化身と評判の高い美女プシケーが、美の女神の嫉妬にあい、苦難の末にクピードー（エロスま

中右はヒトリガの類、他はボクトウガの類。ボクトウガの幼虫は樹木に孔道を穿ち、その中に棲む。コッススとよぶその幼虫をローマ人は小麦粉でしばらく飼った後、賞味したとプリニウスは記しているが、コッススの真品はボクトウガではなく、カミキリムシの幼虫であるともいう[4]。カットはオオミズアオに近縁の種。英語ではムーン・モス（月蛾）とよぶ[6]。

たはアモルすなわち愛）と結ばれる。

焔の中に自ら飛び込んで身を焼く蛾の行動の不思議を見つめながら、古代人はそれを自分の身にひき比べてみる――人間の存在には終わりがあり、限界がある。その人間がエロスの焔によって、極限まで生命を高揚させんとするが故に死なねばならぬ。生命をあがめる衝動が生命の否定になると。しかし同時にまた彼等は変身《メタモルフォーシス》ということをも考えていたであろう。初め芋虫の形をしている虫は、やがて地中に入って褐色のミイラのような姿になる。そうして蛾《プシケー》となって再生し、それが再び転生するために火中に身を投ずるのであると。

山の宿で、電燈のまわりを飛びめぐる蛾の祝祭を眺めながらいつの間にか寝てしまう。やがて朝になって見まわすと寝床の周辺は死屍累累、翅はすり切れ、鱗粉の剝がれた火取虫が、肢を縮めて軽そうに乾いている。それを毎朝箒で掃き出した。生きているものは夜明けとともに飛び去ったのか。光を失った目をして軒端に三角になって止まっている者もいる。

小学生時代の夏の昧爽、まだ夢の続きを見ているような、青白く薄れた誘蛾燈にカブトムシを探しに行くと、下に受けた石油の表面を、夥《おびただ》しい蛾の死骸が蔽《おお》っていた。草の露に足が痒い。稲穂が実る頃になるとしかし、カブトムシはもういず、褐色の大きなクスサンが既に転生を遂げたもののように無残に浮いているばかりだった。

大黒金亀子

【ダイコクコガネ】

象の尻は打出の小槌

私がまだ幼稚園にも行かない頃、うちの隣に老夫婦が住んでいた。丸にサの字のマルサという屋号で、夏にはカキ氷などを売っている。新聞紙を三角に折って器にし、その中にザクザクした氷を盛る。垂直な柄のヒシャクで、とろりと毒々しいイチゴシロップをその上からかけると、たちまち氷が真赤に染まるのである。近所のカッちゃんたちが食べるのを羨ましく眺めた。早く食べないと容器がぬれて破れる。

お婆さんが機械のハンドルを回して氷を掻いている手元を背伸びして見ると、店の奥の方は薄暗くて、御《ご》真影《しんえい》の鞍の下の白馬がぼやっと浮き上っている。それから帽子を被り、勲章をつけた白髭の老人の顔。その横の箪笥の上に、重そうに黒びかりする異様なものを見つけてぎょっとした。目を細めて、笑っているのか人を威嚇しているのか曖昧な、ずんぐりした木彫りの像である。あんな無気味なものを大事にしているとは、と、大人しい爺さんと婆さんがにわかに得体の知れない存在に思われた。

全身漆黒で背が丸く、頭部に見事な一角を有し、鋸歯を具えた太短い前肢をもつコガネムシに、昔の人は大黒様を連想した。ダイコクコガネは食糞性コガネムシの代表ともいうべき立派な甲虫である。日本産のものも充分に雄偉であるけれど、東南アジアやアフリカに行くと、この仲間でナンバンダイコクといって、象や水牛の糞を食う、更に巨大なものがいる。

多摩動物公園では大型の草食獣を沢山飼っている。彼等の生産する糞の量も大したものであるが、開園の当初は近所に農家が沢山あったから、いくらでも引き取ってくれた。堆肥にするのである。ところがその引き取り手が最近は減ってしまった。糞の処置に困る。そこで一計を案じて、インド北東部のアッサム州から、オウサマナンバンダイコクという大型の種類を、航空小包で生きたまま取り寄せ、これに食わせてみた。そのアイデアは見事に当たって、虫もどんどん増え、インド産の象、犀、水牛等の糞は処理に困らなくなったという。ところがどういうものか、アフリカ産のカバやキリンやカモシカの糞に連中は見向きもしないのである。それで現在は、アフリカからやはり大型の、ヘリオコプリス・ディローニという種類を輸入することを検討中である——という様な事になれば楽しいと思う。天井の高い温室の中に「アフリカ昆虫園」があって、巨大な甲虫がブンブン飛び廻っているところを空想する。

糞虫にもそれぞれ微妙な食物の好みがある。熊、猿、鹿、牛、象等、動物の種類によって、その糞を責任をもって受け持つ専門家がいる。そうして彼等は皆、食物を通して獣の体臭を受けついでいるのである。糞虫類を標本箱にしまっておくと、一種の麝香臭《じゃこう》が中にこもる。そのにおいは、単独では必ずしも馨しいとは言い難いが、鍾馗《しょうき》様のマークの藤澤樟脳の、本当に樟《くすのき》の根からとった天然の防虫剤を入れておくと、動物と植物、二つの香りが混りあって素晴しいものとなる。フランスの香水の産地グラースの町でも、花の匂いだけでは香水にならないので、動物質の要素を、微量混入するという。それがまさに画竜点睛の効果を発揮するのである。

ダイコクコガネと樟脳の入っている標本箱を開けると、なつかしさに胸のときめきが加わった、晴れがましい行事の日の母の着物のような、なんともいえぬ嬉しいにおいがする。ところが石油製品のパラゾールなどを入れておくと、何のことはない、冬の初めの通勤時の、満員電車の臭いに変わってしまう。

「大黒の尻に味噌」という。米俵の上に立っている大黒天の尻に味噌を塗るのは、ありあまるところへ更に要らぬ物をつけ加えることのたとえである。味噌も糞もいっしょくたにしては罰があたるけれど、私のところにインドやアフリカから送られてくるダイコクコガネの背中には、獣糞がついたままになっている。普通はそれをブラシでこすって洗い落としてから標本にするのだけれど、私はあまり神経質なことはしないで、少し残しておく。それが何の糞であるか研究の資料にならぬとも限らないし、それでちっとも汚い感じはしない。しかし「大黒の尻に味噌」というのはやっぱりきたない。

さてこそこの年の暮、汚いものも面白くないことも、西の海へさらりと流そうと存ずる。

1はオウサマナンバンダイコクコガネ。現在用いられている学名は*Heliocopris dominus*でインド、ビルマ、インドシナ、マレー産。2はランキフェールニジダイコク、南米産。3、4はアテウクス属の一種の雌雄、アフリカ産[7]。カットはニジダイコクコガネ（ファナエウス属）の一種ヴィンデックスニジダイコク、南米産。ファナエウス属には珍奇な形態の角をもち、また赤、緑、黄、青等の金属光沢の、派手な色彩を有するものが多い。汚い物を食う虫が綺麗な姿をしているのは何故か。劣等感が嵩じると美しくなるのか、あるいはわざとらしいキッチュであるのか[5]。

撞木蠅
【シュモクバエ】

目出度さ　かぎりなし

除夜の鐘を聴いて一晩寝ると、朝の光の中であたりの景色が一変している。もはやどこから見ても正月である。元旦の空気には目出度さが充満しているけれど、前の晩は別に目出度くなかった。宵の口までただ何となく忙しいような、年の去るのが惜しいような、そわそわした未練がましい気分でいるうちに夜がだんだんと更けてくる。とうとう除夜の鐘が家の外でも家の中でも響きだす。家の中からははっきりと、家の外からはぼんやりと。テレビ、ラジオのアナウンサーが妙に低く抑えた調子で、鐘撞きの実況放送をやりはじめるともう観念する。これで今年は終わりであって、今年はもう去年になった。過ぎてしまうとまことにあっけない。

いつからが去年で、いつからが今年か。感覚的に言えば除夜の鐘が鳴りはじめたときに、いっぺん照明が灯いて、劇場の扉が開け放たれるような気分がある。正月はまだ、翌日目が覚めたときまで来ていなくて、その間の暗闇の時間を経てからのことである。

しかし一匹で正月と大晦日の両方に橋渡しをしているような虫がいる。図のディオプシス・インディカ、

和名をシュモクバエとよぶ蠅の一種である。というのはもちろん洒落で、つまりこの蠅は目が出ているから、文字通り目出度い。そうして除夜の鐘を撞く棒、すなわち撞木のような目をしているから、大晦日に縁があるという趣向である。虫好きがそう言って喜昆布。

——まさに奇虫である。複眼の付根にある毛のようなものが、この虫の触角であるということに気がつくと、ますますこれが変な虫に見えてくる。

目と目の間隔がこんなに広いのは、速く飛ぶものを一瞬に見きわめる必要があるからではないかと考えられる。この蠅は肉食性なのである。プロ野球でも秀れた打者は皆、目と目の巾が広いという説があるそうである。

捕食者は大体において大目玉の出目である。たとえば蜻蛉。甲虫の中ではたとえば斑猫《はんみょう》。村の家がとぎれて山道にさしかかるころ、足元からパーッと飛び立ってすぐに止まり、人を待つようにしている虫に会うことがある。近づけばまた飛び立ち、また人を待ちうける。

はじめは目の迷いかとも思う。天気がよくて明るい道であると、この虫が飛び立った瞬間にその翅鞘が、日光にキラリとひかるのが見える筈である。止まって油断なく身構えているところにそうっと近寄り、目を凝らせば、赤と紫、緑と白の、小さいけれどなんともきらびやかな虫である。

「つく〲見れば羽蟻の形して、それより毛やや大《おほい》なる、身はたゞ五彩の色を帯びて青みがちにかがやきたる、うつくしさいなむ方なし。／色彩あり光澤ある蟲は毒なりと姉上の教へたるをふと思ひ出でたれば……」と泉鏡花の『龍潭譚』にもある通り、色彩の鮮やかさはたしかに毒虫を思わせる。いずこかへ人を誘うようにするところも——だからこそ「ミチオシエ」の別名もあるのだけれど——、いかにも怪しいと思えば思

シュモクバエの一種*Diopsis indica*、ベンガル産❹。カットはハンミョウ（*Cicindela chinensis* Dec. *ab, japonica* Thunb.）。普通種ではあるが、その大きさ、美しさから全ハンミョウ科2000種中の白眉とも称すべきもの。ヤマトタマムシ、カブトムシ等と共に日本に産ずる名甲虫の一つである❽。

える。

虫といえども、人がそれに精神を集中するときにはその表情が読め、一対一、対等の存在となる。だんだん大きく見えてくるその虫の両眼の、張り出してぎらぎら輝く様、鵤《いすか》の嘴《はし》のように、大きすぎて食い違った大顎の尖端の鋭利なさま。見れば見るほど恐ろしげな肉食の虫である。口のまわりにも身体の下面にも白毛さえ生えて、衣装は紫を主に助六のように華やかながら、面つきのほどは敵役の髭の意休のような悪相である。

細い長い足で軽快に敏捷に、ささっと獲物に駆け寄り、大顎をぐわっと開いてくわえてしまう。地表近くにいる虫は蟻でも蠅でも斑猫に狙われたら最後である。英名のタイガー・ビートルは極めて適切な命名であると思われる。

しかし身に毒を帯びているというのはあくまでも誤解である。カンタリジンという毒をもっているのはマメハンミョウ、ツチハンミョウという甲虫であって、名は似ていても斑猫とはあまり関係がない。カンタリジンは強い毒物で、皮膚につくと数時間後に水ぶくれを起こし、やけどと同じ状態になるという。毒虫の粉末数匹分を服用すれば、七転八倒の苦しみの中に死ぬというし、極く微量ならば媚薬にもなるらしい。いずれにしても斑猫の方はぬれぎぬであって、玉虫が媚薬になるという俗説も、誤解を受けた斑猫の色彩に責任があるのであろう。

美しいものは妬まれる。目出度さも中ぐらいというところだが、しかし神々も照覧あれ、虫に限って落度はないのである。

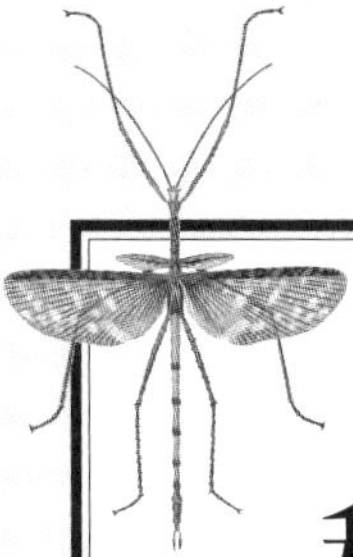

秋

Autumn

蟷螂

【カマキリ】

信心深きカマキリとカマキリモドキ

人間の想像力には限りがある――昆虫を見ているとつくづくそう思う。形態上の工夫で、人間の考えつくような事は大抵昆虫が実現してしまっているのである。

たとえばギリシャ神話にケンタウロスという、馬の身体に人間の胴から上を接いだような生きものがいる。馬のように速く走れて人間のように手が使えたら、という欲張った発想から生まれたものであろう。それからペガサス（ペーガソス）という、翼をもち空を飛ぶことの出来る馬がいる。この二つを合わせて更に羽根を二枚足すと、六本脚で四枚羽根の生物、すなわち昆虫になる。

ケンタウロスやペガサスが実際にいたら面白いだろうと思う。但し、前者は人間の上半身を持っているから動物園で飼う訳には行かないであろう。人権問題をどうする。それにどうも雄というか男ばかりで、ケンタウロスの雌あるいは女の絵は見た事がないから種族維持はどうしているのかと思うけれど、この生物の存在は既にローマのルクレティウスが否定している。つまり、下半身の馬の部分は三歳で成獣となり十歳にもなるともう老いているが、上半身の人の部分は二十歳になってやっと大人になる。下半身が先に死んでしまっては困った事になる。

2のカマキリはジャマイカ産の*Mantis cingulata*。1はカマキリではなくトビナナフシの一種で、やはりジャマイカ産の*Phasma*（*Platycrana*）*jamaicensis*である。カットはアフリカ産の*Mantis*（*Harpax*）*ocellaria*。原著には生態等の説明がなく、「サヴァンナにて得られたり」とあるのみ。近似種にはヒトツメカマキリという和名がつけられている。翅をたたむと一ツ目になるからである。東南アジアにも同様の紋様を持つカマキリが分布する。敵に遭遇した際には翅を立て、左右の眼状紋をあらわす。正面から見ると身体全体がフクロウその他の動物の顔のような状態になるので、相手を威嚇する効果があると思われる。相手が犬猫等大型の獣であってもこの方法で威嚇を試みる。蟷螂の斧の所以である❺。

ペガサスもまたあの翼を動かす筋肉がないから実際には飛べぬであろう。

ところが昆虫の、たとえばカマキリはそういう生理学上、解剖学上の諸問題をやすやすと解決してしまった生きものである。おまけに前肢は精巧強力な戦闘用の鎌になっていて、獲物を捕える腕としてこれほど有効なものはない。

三角アタマで口は尖り、動くものを見、ものをかじるのに適した顔つきで、しかも首はぐるりと後を振り向くことが出来る。前胸、あるいは上半身はスウェイバックに巧みである。もしカマキリがカンガルーほどの大きさであったら、どんなに恐ろしい事であろう。いかなる猛獣もこれには敵うまい。

それで、という訳ではないが、カマキリはやはり、男性よりは女性のイメージであろうと思う。フランスにマント・ルリジューズという種類がいる。マントがカマキリで、ルリジューズは「信心深い」という意味であるから、オガミカマキリ等と訳しているが、実は日本のウスバカマキリと同種である。「信心深い」云々は、この虫が油断なくどの方向にも跳びかかれるように構えているところが、修道女などのロザリオをつまぐっている姿に似ているからである。

カマキリに女性のイメージがあるといっても、人間の女性は別にベッドの中で亭主を頭からかじるような事は実際にしないと思う。だからカマキリの雄より人間の男は気楽に暮していると言う人がいるだろう。しかし考えようによっては、交尾が成立するやただちに首を失うカマキリの雄は、愛《エロス》と死《タナトス》を瞬時に手に入れる訳で、その後の生活に苦しむ必要がないのであるから、これほどの幸福はないとも言えるのである。

小学校五年の夏休み、高野山の林間学校に行った。夕食のとき宿坊の廊下に並んで待っていると、広間にずらりと並べられたお膳の上の、椀の中に若い坊《ぼん》さんがとろろ昆布をつまんでは入れて行く。それに大きな薬缶のお湯を注いで吸物の出来あがり。いままで、家では嫌で食べられなかったとろろ昆布がこのときからむしろ好物になった。障子にとまっていたカマキリモドキを採って、虫の世界に更に一歩踏み込んだような、迎え入れられたような深い幸福感を味わったのはその夜のことなので、カマキリモドキというとどうしても高野山ととろろ昆布を想起する。図鑑でさんざん図は見ていたけれど、実際に見るウスバカゲロウに鎌の腕をつけたような華奢で精悍《せいかん》なこのカマキリモドキという虫の面白さ不思議さ。そのときの印象は今に忘れることができない。

カマキリとカマキリモドキは分類上の系統は違うのに、捕食者としての生活が似ているために姿が同じようになったのである。こういう現象を収斂《しゅうれん》という。

ところで最近、この二つの姿のよく似た昆虫のほかに、カマキリバエという虫がいる事を知って肝をつぶした。三ミリ許《ばか》りの蠅の前肢がやはり精巧な鎌になっていて、池の水面などにいる小さな虫を捕食するのであるという。造化の神は讃《ほ》むべきかな。この虫の存在を知った時、まったく私は恐れ入りましたと地に平伏したいような気持ちになった。この三つの虫のいずれもが祈りを上げる人に似ているのもまた趣がある。

轡虫
【クツワムシ】

武蔵野に勇ましく鳴く轡虫のはた迷惑

荷風は『断腸亭日乗』に「隣家のラヂオ」のうるささと低俗さを罵っている。しかし、現今では隣家のテレビに怒っても通用するまい。プレハブ住宅が櫛比《しっぴ》する中にあって、ステレオから響く歌謡曲やらクラシックやらロック・ミュージックやら、車の扉を閉める音やら、ついでにいえば、テンプラを揚げるにおいやら、何やらかやらに文句を言うとすれば、それは言う方が非常識である。朝起きるやいなやテレビをつけて、一日つけっぱなしにしていないと生きている気がしない人の権利を踏みにじることはできない。

しかし人工の、尋常な音は気にしない隣人も、こちらが、たとえばクツワムシを買って来て軒につるせば、文句を言いにくるだろうと思う。これこそはやかましい虫の筆頭である。蟬も大声を出すが、夜は黙っている。ときたま樹の幹でねぼけたようにギーッと鳴くくらいである。ところがクツワムシは一晩中鳴きとおす。

中学生のとき、近所にある神社の境内の夜店でこの虫を三匹買ってきた。考えてみれば一つの籠に三匹のクツワムシは多すぎる。はじめ座敷に置いて家中で「よう鳴くなあ」と感心していたのが、すぐにうるさがられ、玄関に持って行かされた。玄関脇の部屋にはユキちゃんという若いお手伝いさんがいた。彼女も当然閉口して、道を隔てて家の前にある製粉工場の夜警小屋に虫を預けに行った。私はすなわちその粉屋の三番め

1は*Phyllophora amboinensis*。2は*Phyllophora citrifolia*で両者とも著者ドノヴァンによればアンボイナ、つまり現在のインドネシア領アンボン島の産。熱帯地方にはキリギリス、クツワムシの仲間に巨大な種が多い。いずれも木の葉などに擬態しているものと思われる。その鳴き声については不詳❹。カット(p. 078)は*Oedipoda germanica*。p. 081は*Oedipoda coerulescens*という名であったが、現在では同種*Oedipoda fasciata*の2つの型とされている❸。

の息子である。夜警さんが風流らしくその虫籠を私の家の背の高いカイヅカイブキの枝にかけたら、ガチャガチャいう大声が、二階の次兄の窓を直撃した。兄貴は気が短い。運の悪い事に彼は宵の口から寝ていたのだが、階段をダダダダとかけ降りてきて、ものも言わずに責任者、すなわち私の頭をひとつなぐった。

マツムシ、スズムシなどが歌に詠まれることが多いのは、その名がかけことばとして使いやすいことにもよるけれど、一般に美声の持主はコオロギ科の虫である。かつまた、夜しめやかに鳴くその風情が、概して感傷的な平安、鎌倉の和歌に合うのであろう。それにくらべクツワムシは威勢がよすぎて歌人らも持てあまし気味であるのか、この虫を詠んだ歌は比較的少ないように思われる。小泉八雲は、「虫の音楽家」の中で、和泉式部の作として次の歌をあげている(但し和泉式部の、御年六百歳の作らしい)。

わが背子が駒にまかせてきにけりと
きくにきかするくつわむしかな

馬の轡の音に似たクツワムシの声を聞くにつけても、恋人のことが想われるというのだろうが、読みようによっては、羽振りのいい恋人が、今で言えば派手なスポーツ・カーで乗りつけたときの女の得意さがチラチラするようで、あまり奥ゆかしい歌とは思えないような気がする。

これとは別に一風変わった歌人、曾禰好忠《そねのよしただ》の、

くつは虫ゆら〳〵思へ秋の野の

藪のすみかは長き宿かは

という歌の場合、他の虫ではどうしてもだめであって、やはり激しく鳴くクツワムシでなければ、命あるもののはかなさが出ないであろうと思う。芭蕉が、「やがて死ぬけしきは見えず」と詠んだ蟬の場合と同じである。

しかしクツワムシを詠んだ歌で一番有名なのは吉田松陰の作である。アメリカ船に密航を企てて失敗した松陰は、安政六年七月九日の、奉行の訊問に先だって、元気のいい歌を詠んでいる。

待ち得たる時はいまとて武蔵野に
いさましく鳴く轡虫かな

待ったかいがあって、いまこそ自分の思想を幕府の人間に聞いて貰えるというのである。「至誠にして動かざる者は未だこれ有らざるなり」という信念をもつ松陰が、訊かれもしない別件の謀議まで自分からすらすらと喋って自ら死を招く次第は有名であるが、これこそ「飛んで火に入る夏の虫」で、こういうのは日本特産の革命家ではないか。徳富蘇峰は松陰を「日本男児の好標本」と評したそうであるが、クツワムシの学名は*Mecopoda nipponensis*という。種小名「ニッポネンシス」は「日本に棲む」の意で、松陰がクツワムシを詠むのも何だか宿命的なことのような気がしてくる。

蟻地獄
【ウスバカゲロウ】

沙河《さか》にひそむ　深沙大将《じんじゃだいしょう》

お寺の縁側から腹這いになって縁の下を覗くと、下は乾いた砂地で、蟻地獄の擂鉢がいっぱいに造られている。

蟻が墜ちるところを見ようと、わくわくしながらじっとのぞいている。穴のほんの際を黒蟻どもがせかせかと通ってゆくのに、ちっとも罠にかからない。顔に血がのぼり、胸のボタンがあばら骨にぐりぐり当って痛くなってくる。

一夏を父の里の伊勢の海辺で過ごしたとき、静かな海の上に一隻の小舟が浮かんでいたのを想い出す。シャツ一枚の真っ黒な男が一人、右手に長いヤスをかまえたまま、箱眼鏡で舟べりからいつまでも海底を覗き込んでいる。蛸を突いているのである。ああしてごく年若い頃から舟べりにへばり付いて海の底をにらんでいると、胸のところにはっきりと段がついてしまうそうである。

蛸を突かされているのは大抵、口減らしのためによその村から只同然に貰われてきた人であるということであった。

黙って逆さの世界を覗いていても埒があかないので、大きな庭下駄をつっかけて下に降りる。大人たちは

1、2はインド産のウスバカゲロウ。共に「ジョーゼフ・バンクス卿の蒐集品より描く」とあり。バンクスはキャプテン・クックのエンデヴァー号に乗り組んだ博物学者、王立協会会長❹。カットはコウスバカゲロウの幼虫。Myrmeleon formicarius❸。深沙神については、平凡社版『中国古典文学全集13』の太田辰夫、鳥居久靖両氏の解説による。

坊《ぼん》さんの点てたどろりと緑色の、苦い泡のような茶をすすってありがたがっている。

坊さん蛸さん　十郎兵衛さん

卵のふわふわ　あがりんけ

今日は精進　明日にしょ

しょしょまか　しょしょまか

しょっ　しょっ　しょ

という文句が繰り返しくりかえし響いてくる。あわてて逃げる黒蟻を殺さないようやんわり指でつまみ、摺鉢の中の地獄にぽとりと落としてやる。うっかり力が入って蟻をつぶしてしまうと、ツンと刺激性の臭いがする。斜面はたしかによく出来ていて、大慌ての蟻があせればあせるほど足元がくずれ、すべり落ちるようになっている。なるほど地獄である。

蟻が斜面の中腹で必死にこらえていると、噴火口の底から砂礫が飛んで来る。すなわち地獄の主が、その頭に砂を戴せ、獲物めがけて撥ねとばしているのである。

それが蟻の周りに着弾するや、たちまち足元が崩れ、あわれ黒蟻は抗しきれず穴の底へとすべってゆく。そこに待つものは鋸歯を有する長大な二本の大顎。獲物を刺すように挾んで砂中に引摺り込んでしまう。地下の暗黒の中で何が行なわれるか、見えないだけに余計無気味であるけれど、大顎の先からは麻酔剤が注射され、蟻は血を失うまえに気を失うとのことである。

アリジゴクの中にはそういう罠を造らず、ただ砂の中に潜んでいるだけのものがいる。オオウスバカゲロウという種類がたとえばそれで、三センチもある醜怪な大型の幼虫は、他の昆虫などが通りかかると砂をはねのけて正体を現し、大顎に挾んで砂中に引摺り込むのである。

『西遊記』の中の沙悟浄は、玄奘三蔵に仕える前、河幅八百里の大河、流沙河に棲み、二、三日に一度波間から躍り出て旅人を喰う水棲の怪物であったが、『西遊記』の古い稿本の一つ、『大唐三蔵取経詩話』には深沙神、または深沙大将という名で現れるという。深沙神は、玉門関と哈密《ハミ》の間の沙河もしくは流沙という砂漠に蟠《ばん》踞《きょ》していた。本来は陸棲である。沙河は激しい風のために砂が水流のようにさらさらと移動し続けている故にこの名がある。砂の中に潜んでじっと獲物を待つ大型のアリジゴクには深沙大将の名がふさわしいであろう。

沙悟浄と同じく深沙神も首に髑髏をぶらさげている。玄奘は前世において、実は既に二度経典を取りに赴いており、二度ともこの深沙神に喰われたのである。深沙神が首にかけた袋に入っているのは、二つとも玄奘の髑髏なのだから、頼朝公のしゃれこうべよりも、こちらの方が一つ多い勘定になる。

お城の傍らにある高校に通っていた頃、放課後を夕方まで、セーラー服の恋人と温室の草花をいじったり花壇のレンガを並べ替えたりして過ごしたあと、二人で駅の方に歩いてくると、駅名が「蟻地獄」と読める。はっとして読みなおすと、やはりつねに変わらず「蛸地蔵」と書いてある。ここの古い地名でもある。お城の天主から調子はずれのオルゴールの「荒城の月」が聞こえてくる。うるさい英語の教師の顔を想い出した。「薄馬鹿下郎《ウスバカゲロー》のハゲアタマ」とつぶやいてみても、今日の午後またいやみを言われたくやしさは消えぬ。

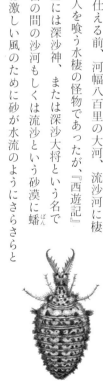

木葉虫

【コノハムシ】

あらゆる芸術はミメーシスである

虫の敵の第一は鳥である。その鳥の鋭い目を逃れるために一番よい方法は、何かの中に紛れてしまうことである。石川五右衛門は浜の真砂を数の多いもののたとえに用いたが、東南アジアのジャングルの中で最も数の多いものといえば、木の葉に決まっている。

ごく大雑把に言って、バッタに近い虫のうちで、身体が平たくなって、木の葉の形に似てしまったものがコノハムシになり、それに近縁の虫で、細い枝に似たものは、ナナフシになった。

コノハムシは限りなく木の葉に似ている。胴や翅に葉脈のような脈が通り、肢までもが袖飾りをつけて葉柄のように見える。色彩もまた、雨期のものは緑色型となり、乾期のものは褐色型となる。のみならず、乾期のさ中、ゴムノキなどが落葉寸前に紅葉する頃に現れる個体の中には、鮮やかな朱色のものさえいるという。

これほど自分の姿が木の葉の形や色に従属してしまった虫に、本来の自分の形、自分の色などという観念があろう筈はない。声帯模写の名人が、ついには自分の声を忘れてしまうように、コノハムシの正体は虫自身にももうわからぬのであろう。

1、2はホンコノハムシ(*Phyllium siccifolium* Linné)の雌で、2はニンフ。マレー、ジャワ産。3は*Phyllium Donovani*とあるから、この本の著者、ドノヴァンに献名された種であるらしい❹。カットはトビナナフシの一種、*Cyphocrana titan* Gray❼。

そうして毎日、自分の姿とそっくりの木の葉をばりばりと飽食する。人間ならば奇妙な気分に陥るところだが、友人も恋人も、食物と同じ色と形をしているのがコノハムシにはあたりまえのことなのである。そのせいかどうか、コノハムシを狭い籠の中で沢山飼うと、お互いに嚙り合いをするという。あるいは飢えた虫は目をつぶって、今自分の食っているのはコノハムシではなく木の葉である、と自分に言いきかせているのかも知れない。「食べてしまいたいほど可愛い」という表現が、彼等の間では人間の場よりもはるかにリアリティをもつ。

あるいはまた、自分の理想にぴったりの美しい木の葉を見つけて、それに恋をしてしまったら、一体どういうことになるか。「はっ」として近づいて見れば、それが同種の雌ではなくて木の葉であった、などというのでは、定めしがっかりするであろうし、季節の到来とともにその葉がはらりと落ちるのを目のあたりにするならば、桐一葉どころではなく、無常感もひとしおであろう。一枚の木の葉の傍を、立ち去りがてにするコノハムシなどというのもおかしい。しかし、虫どもが視覚的な世界にのみ生きているのでないことは勿論である。

コノハムシやナナフシのように、物に紛れて身を隠そうとするのを隠蔽的擬態（ミメーシス）といっている。ところで本来ミメーシスというギリシャ語は、模倣という意味であり、アリストテレスは『詩学』の最初に、すべての芸術を一括すればすなわちミメーシスであると述べている。模擬的再現、描写などと訳されることもある。実際コノハムシは、存在そのものが真剣な模倣の芸術ともいうべき虫なのである。

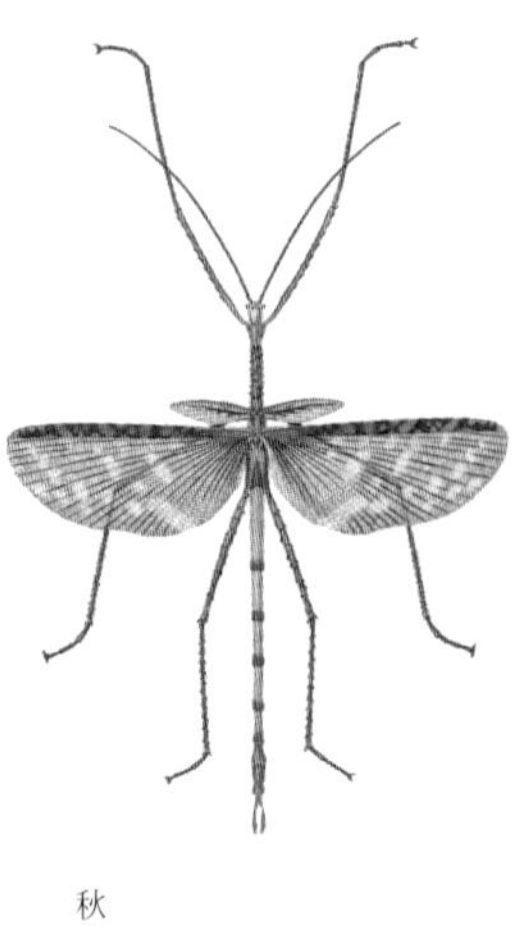

虫が植物をまねるかと思えば、植物が虫をまねる。蘭の花で、オフリス（フタバラン）属に分類されるものは、蠅や蜘蛛や蜂の類に似た色と形の唇弁をもっている。人が見ても、そこに虫がとまっているとしか見えないのである。蘭の中には自家受粉をするものが多いから、こういう虫の形の唇弁は、先客がいるように見せかけて、虫を追い払う機能を果すのであろうとまず考えられた。ところがこれらの花はもともと蜜もなく、わざわざ虫を遠ざける工夫をする理由などないのである。

学者たちが、実際に詳しくこの花を観察してみて解ったことは、オフリス属の蘭を訪れるのは虫の雄だけだということである。雄はこの花の唇弁に対して、雌に対するように行動する。完全に騙されているのである。そうして交尾行動をとっている間に、花の花粉嚢が雄の頭にくっつく。雄の虫はこうして花に騙され、花から花へと花粉を媒介してまわるのである。雄の昆虫は蘭のつくった偽の雌に惑わされ、短い生涯の貴重な時間を空しく浪費することになるのだけれど、彼こそいい迷惑だと、しかし、誰が断言できるであろうか。それに大抵の蜂において、雌は雄よりはるかに数が少ないのである。

オフリス・インセクティフェラとキスジジガバチの雄の行動を研究したクレンベルィという学者は、次のように記している。

「唇弁の色彩は雄をひきつける上で重要である。雄は明色より暗色を好み、灰色の濃い方に反応する。青と紫はいちばん強い反応をひき起こし、それにある程度の紫外線が含まれていると、本物の雌よりも効果的である」（羽田節子訳）。

すなわちこの蘭は、単なる模倣の芸術以上のものを心得ていると言えるのではあるまいか。

昼蛾

【ヒルガ】

嫌われるための夜の蝶の芸術

目の前を綺麗な蝶が飛んでいく。ひらひらと訪花する、この小さな身体に大きな翅の昆虫を、捕食者たちは一体何と見ているだろうか。ときどき鳥の嘴《くちばし》の形に翅を傷つけられた蝶が採集されることがあるけれど、鳥の目には、一口大の御馳走が翅に目立つ紋様を散らして、自分を誘っているとしか見えないのではあるまいか。

人の目にはいくら綺麗でも、そんな事はどうでもよい。鳥には好かれる、雌の蝶には嫌われる、では話にならない、要はその逆の効果をあげることである。

雌は別として、鳥のような御免こうむりたい相手の方に、こちらを好きになる理由のある場合、つまり自分が美味しそうに見えるときには、これに嫌われるということは中々の難事である。嫌われるその方法の一つとして、幼虫時代から有毒の植物を食べて育って、身に毒を帯びておくというのがある。毒を食べて虫自身は何故死なないか。それは何事も子供のときからの稽古がものをいうのであろう。

鳥が毒蝶を食べる。毒が強すぎると鳥が死んでしまうけれど、極度に不味であったり、苦しんで吐くという程度の毒である場合、鳥は二度とその類の蝶を食べない筈である。従って覚えやすい印象的な紋様を蝶は

東洋熱帯産昼飛性の蛾類。2段め右端、および3段めのものは何者にも擬態しないと思われる。カットは*Epicopeia philenora*で、アゲハチョウ科の有毒のものに擬態する[9]。

もつ方がよい、ということになる。有毒の蝶の華やかな色彩が、かくて出来上がる訳である。連中は大抵、自分の姿を誇示するように、ゆっくり、悠々と飛翔する。あわてる理由はないのであって、むしろあわてるとかえって危ない。

自分は無毒でありながら、有毒の蝶にそっくりで、それでいて種族的には縁もゆかりもない蝶がいる。本家に混ざって飛ぶ、その飛び方までも同じ流儀で、これほど化けおおせれば、見破られないかとひやひやすることももはやないのか、それとも自分でも毒のあるつもりになっているのか。錯覚も自信のうちである。

蝶は昼間の視覚的な世界に生活する故に美しい翅を持つのだけれど、蛾の中にも昼間飛び、蝶のように暮している者がある。本当のことを言えば、鱗翅目の昆虫の大半が蛾であり、蝶はそのごく一部、孤立した一群といってもよいのだが、比較的大型で昼間飛ぶために、やはり光の中で生活する人間に、蝶は親しまれているのである。しかし夜の闇の中には、種類数も個体数もはるかに蝶を上まわる、彪大な蛾、つまり西洋人のいう「夜の蝶《パピヨン・ド・ニュイ》」の世界がある。ややこしいけれど、その蛾の中の異端者とも言うべき者どもが、昼間に飛ぶ。すなわち昼間飛ぶ夜の蝶である。

この昼飛性の蛾の大方の者は、姿を毒のある蝶に似せている。ある者は紫色に輝くルリマダラに、ある者は黒地に白紋と赤紋のベニモンアゲハの類に、またある者は白地に黄と黒と赤の彩りも鮮やかなカザリシロチョウに。一体どうしてこんなことが起こるのか、それが解明されたとき、進化論はすっかり形を変えているであろうし、そんなことまであるいは、人間は知らぬ方がよいという気さえする。

そうして昼飛性の蛾の中で、毒蝶に擬態していない者は、いずれも層をなす雲母の薄片や綾錦にも比すべき、独特のきらびやかな斑紋をもつ。おそらくは蛾それ自身が有毒なのであろう、ただ目立つことのみを心がけているようである。

美しいことは美しい。しかし何かひと捻りひねった、いやらしさを隠しもったような美で、いわば女装した男性の美にもたとえられるところがある。その魅力は普通の蝶屋にはなかなか理解されない。熱帯で綺麗な蝶を捕る。手にとってよくよく見れば、触角の具合、顔、身体、翅の質感、ことごとくが蝶とは違っている。「あっ、蛾だ」。そう言ってけがらわしいものに触れでもしたように捨てる人が沢山いるのである。

プルーストは小説の中でこんなことを言っている。

「……この男の顔に見られる感動的なまでの繊細さや、優雅さや、普通の男の決してもちあわせない、ごく自然な愛想のよさを実に素晴しいと思うくせに、何故我々は、この男が拳闘選手《ボクサー》などを求めると知って惜しがるのであろう」

昆虫には性の倒錯というような事はごく例外的にしかないらしいけれど、美の質に関していえば、それに類することがあるような気がする。これら昼飛性の蛾どもは、健康で、努力を要せず、それだけ無神経とも言える蝶の素直な美を軽蔑し、同時にそれに嫉妬しているように思えてならないのである。

蟋蟀
【コオロギ】

霜夜の哀音か熱帯の大音声か

蟋蟀と書いて今では勿論コオロギと読むけれど、「木里木里須」とよむという説がまずあり、それから「古保呂木」になったようである。歌に詠まれたキリギリスとコオロギを、いちいちそれが現在のどちらに当るのか検討してみるのも面白い。たとえば百人一首の、

きり〴〵す鳴くや霜夜のさむしろに
衣かたしきひとりかも寝む

という歌を例にとると、霜降《そうこう》の頃、つまり新暦十月末に鳴いているこれは今のコオロギの方であろう。それにしても一人寝の寂しさよりも寒さの方がひしひし迫って来るような歌だと感じるのは、私もまた冬は外気と同じ温度にまで室温の下がる、平安時代さながらの家に住んでいるからか。

これに比べればミルトンの、

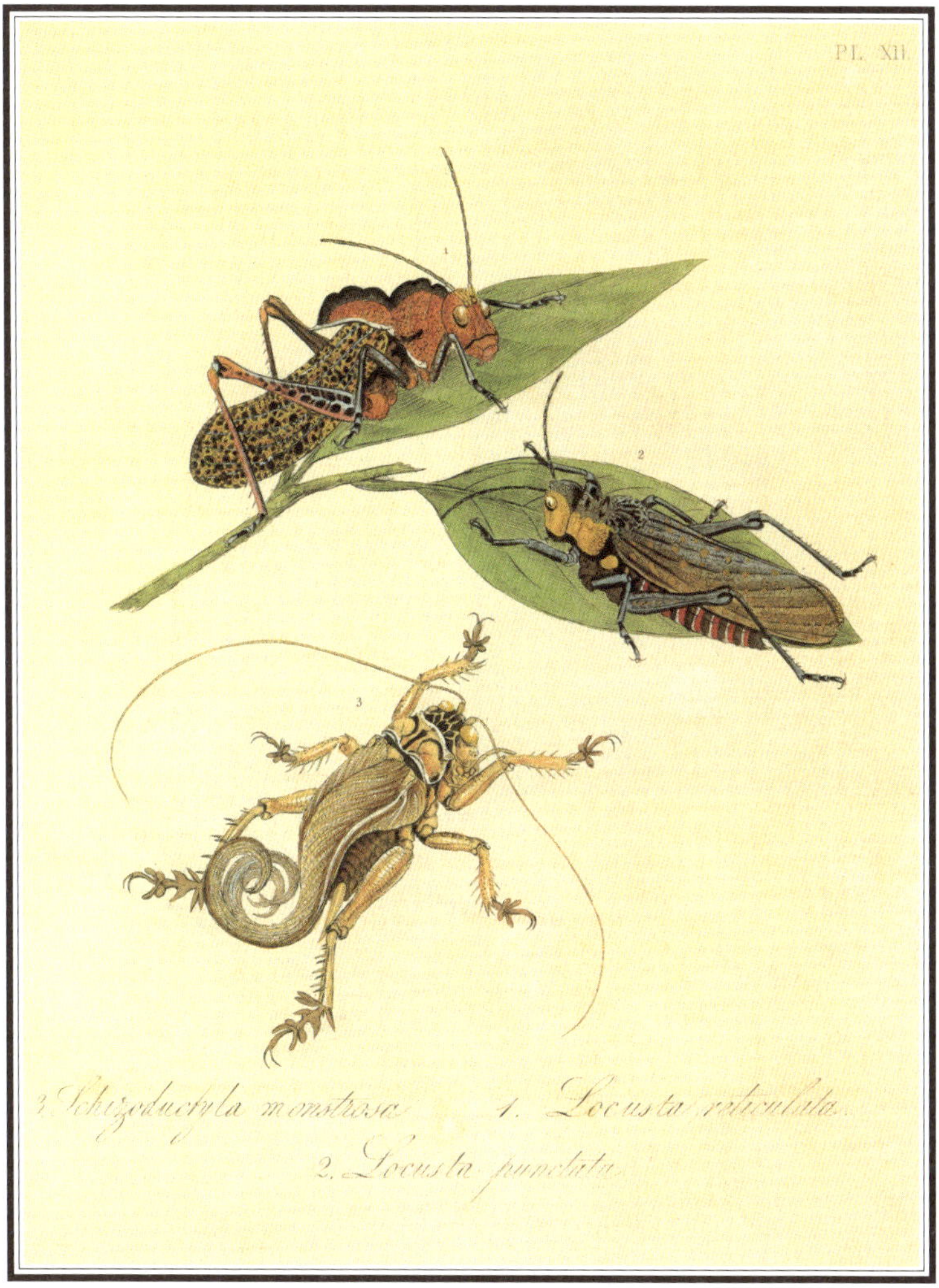

1は*Locusta* (*Monachidia*) *reticulata*、ジョーゼフ・バンクス・コレクションより。インドのトランクバール産と伝えられる。2は*Locusta* (*Phymatea*) *punctata*、西インド諸島産。3は*Schizodactyla monstrosa*、インドに産する、種名の通り怪物じみた世界最大級のコオロギ。夜行性で、日中は穴に潜む。その深さは3フィートに達するという❹。カットは*Acripeza reticulata*、熱帯産大型のキリギリスの仲間❿。

笑いさざめく群衆を遠く離れて
ただ炉辺のコオロギを聞く

という詩句にはちゃんと暖房がきいている。人生に超然としながら、それでいて生活に必要なものは揃っているのだ。もっとも外の気温も、そして恐らくは人間関係も後者の方がはるかに厳しいのである。

イギリスのキリギリスはイギリス語で鳴くのだろうが、日本のコオロギは日本語で鳴いている。コロコロコロ、リー、リー、リー、私に言わせれば虫の声はカンタンよりも何よりもエンマコオロギに止めを刺す。この虫はいわば私の幼なじみである。

私が育った大阪の和泉地方は農産物の豊かなところで、タマネギ平野などとバカにする人もいる。たしかに東京あたりの八百屋さんで高価に売っているような大きなタマネギが、収穫期には道端にごろごろいくらでも捨ててあって、それを食っているからかどうか、タマネギ小屋の脇に積んである藁や枯草を叩くと、栄養状態のよさそうなつやつやしたエンマコオロギどもがピョンピョン無数に跳び出した。

夜、着物姿にステッキを突いて田圃道を散歩に出かける父親のあとを、母や他の兄弟姉妹と一緒について行くと、昼間跳ねていたその場所で連中が鳴いている。優しく寂しく甘く、それこそ秋の月の光を音にしたような高雅な声である。子供のように頭ばかり大きく、黒い顔の地下《じげ》の身でありながら、その音色は貴人の笛の音もはるかに及ばぬ天性の美音である。

眠れぬ夜に強いて私はあれこれ楽しいことを考える。その一つはあまり広くなくていい、手頃な庭のある

家に住み、縁側に肘枕をして寝ころびながら、庭中にすだくエンマコオロギの声を聞くことである。ガラス戸を開け放しておいても秋の哀れ蚊がたまに来るぐらい、肌寒い風がかすかにあって白い月の光はやはりどうしても必要である。あんまり声の大きくない友達が思いもかけず訪ねてきて二人で飲む。話の合間に虫の音に耳を傾ける。蟲聲蟋蟋《ちゅうせいじじ》——そういう空想をしていると余計眠れなくなる。

所変われば品変わる。台湾から南にはタイワンオオコオロギ、現地でトッピアというエンマコオロギの四倍くらいもありそうな大型種がいる。これが身体の大きさに比例した大声の持主なのである。かつて台湾中部の田舎に行ったとき聞いて、あれがきっとタイワンオオコオロギに違いないと思っている声があるのだけれど、それはジーンと、昔の映画館の映写開始のベルを思わせる、耳を覆いたくなるような大音声で、しかも単調で、風情など微塵もなかった。同じように秘術をつくして一心に雌を呼ぶのに、どうしてこうも違う声になるのであろう。要するに、彼の地の雌コオロギが大声でないと承知しないのである。深い穴を掘って土中に潜んでいるのを、馬穴一杯の水を注ぎ込み、驚いて出てくるところを摑まえる。摑まえてどうするかと言えば、古くは「秋興《しゅうきょう》」といって大人がこれを喧嘩させることに熱中した。名は風流だがもちろんお金を賭けたのである。今はそういう遊びも廃れて、捕えられたコオロギは鶏の餌にされるというから情けない。

去年の九月タイに行ったとき、薪の焜炉で油を熱し、ナンプラーに漬けたタイワンオオコオロギを空揚にして屋台で売っていた。一串五匹五バーツ。一匹十円につくからむしろ贅沢な食物である。一本買って串からはずしてやると痛々しく胸に大穴が開いている。キリストを十字架から降ろしてさし上げたような気がした。大切に包んで持って帰ったのだけれど、紙の聖骸布に椰子油が染みてべたべたして、私はとても閉口した。

深山鍬形蟲【ミヤマクワガタ】

樹液の酒亭の一族再会

よく見る夢は虫の夢である。暗い林の中に倒木があって、大きなカブトムシやクワガタムシが累累とほの見える。両手いっぱいに捕ってもとりきれない数である。樹液にはオオムラサキなどの蝶も来ている。嬉しくて、愉快で、声をたてて笑いながら目が覚めてもまだ網膜の底に、飛び立とうとしてぱっと開いた蝶の翅の紫の幻光が残っている。大きくて綺麗な虫が沢山、というところが、私の強欲と幼児性を表わしているのだろう。

大人になってからの私が悪夢をあまり見ないのは、考えようによっては子供の時に永い病気をして一生分の苦しい夢を見てしまったからであるような気もする。

虫が好きなのはものごころついた頃からであるけれど、「昆虫採集」というものをやってみようと思ったのは小学四年の時のことで、隣に住む同い年のいとこが学校で習って来て教えてくれたのである。私も採りに行きたいけれど、もう二年間も寝たきりである。ストレプトマイシンやパスのおかげでやっと命が助かって、『病床六尺』の子供版というような生活をしながら、看護師さん相手に我儘を言っている。

さっそく家のまわりにいる虫を捕ってきて貰って、ハナムグリからウシアブ、ゴキブリまでカステラの空箱に針で刺した。蓋をしておくと湿った杉箱の匂いにゴキブリの臭気が混ざって私は頭痛がした。カブトムシは雌が一頭手に入ってコレクションの筆頭に置かれた。

毎日図鑑を眺めてあれが欲しい、この虫が見たい、とじりじり焦れていると、夏休みの林間学校に行ってきたそのいとこが、山の虫の豊富なことを話してくれる。大阪の和泉葛城山の麓の蕎原《そぶら》という村落の小学校に何日間か泊まって山に登ったり、化石を掘ったり、キャンプファイアーをしたりして過ごしてきたのだという。校庭の崖の下には、カブトムシが「なんぼでも」いると彼が言った。興奮した私には、その光景が本当に目に見えるようであった。何でどっさり捕ってこなかったのかと私が問うと、あんまり捕ったら先生に怒られると彼は言った。

次の年、金属と革のコルセットをつけて立って歩くことが出来るようになった。歩くとカシャカシャと鉄腕アトムのような音がする。学校に行きはじめ、夏になって林間学校に参加した。蕎原小学校に着いてすぐに校庭のはずれの崖を見にいったけれど、カブトムシは一匹もいなかった。今年も来た従兄は、何となく私を避けているようである。

小学校の講堂の真ん中を通路にして両側に畳を敷き、男女に分かれてそれぞれの側で夜は缶詰の鰯のように並んで寝た。便所に行くと乳白色の笠をつけた電灯にトモエガやアオシャクなど色とりどりの蛾が来ていて、大きなヤモリが粉っぽいその蛾をパクとくわえ、またくわえ直して目を白黒させていた。

翌日は葛城登頂の日である。私は体育の授業のような「見学」さえもかなわぬので、学校に残って「自習」である。がらんとした講堂に一人いると、ロイド眼鏡の、「水素爆弾」という渾名の校長が、私に声をかけてオートバイの後に乗せてくれた。ダダダと走る車に振り落とされないようしっかりつかまっていると、たちまち

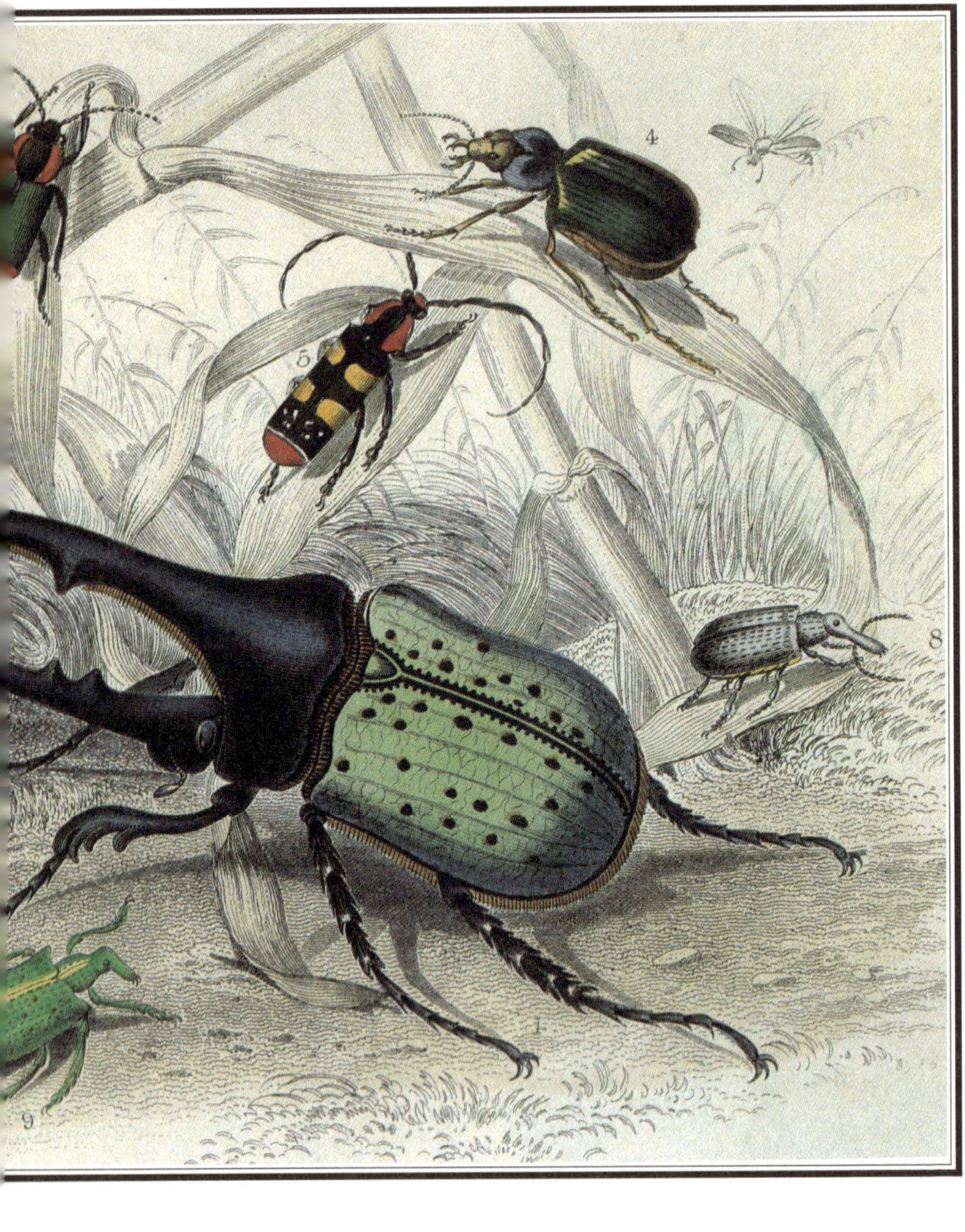

中南米、南米産の美麗甲虫。中央巨大なものがヘラクレスオオカブト、左斑点のあるものはティティウスシロカブト。カットはカツオブシムシの一種。標本を食糧として生活する。蟲の饗宴の最後の最後を締め括る「時の老人」のような虫である。ミヤマクワガタの標本がいつの間にかこの虫にすり代わっていることもある。

登山口を過ぎ、山の中腹の明るい林に着いた。カケスが鳴いている。校長はオートバイを降り、後部座席に縛りつけてあった軍隊毛布を、杉の葉の茶色に散り敷いた地面に拡げて眠ってしまった。

網を持って林の薄暗い方へ一人で歩いて行ってみると、中くらいの太さのクヌギの幹にスミナガシが二頭、真赤な口吻を伸ばして樹液を吸っている。その名の通り、墨流し紋様を翅に描いた緑と青に光るタテハチョウである。はっとして目をこらすと、ミヤマクワガタ長歯型の見事な雄が、前肢を突っ張り、胸を張って威嚇の姿勢をとっている。それに中型の雄が一頭、雌が一頭。その他にもアオカナブン、アカマダラコガネ、ヨツボシケシキスイ、ヤセバエ等々小さい連中までが集まって、樹液の酒亭で饗宴を繰り広げているではないか。暗闇の中でそこだけぼうっと灯りがついているような印象である。

虫を採って意気揚揚というよりガクガク震えながら、自分の足の踏むところも見きわめず校長のところに戻った私に、先生は「お手柄」といった。

今、古い標本箱をあけてラベルを読むと、その日が一九五五年八月六日であったことがはっきり判る。

すべては蟲の賜物である。

冬

Winter

五器嚙【ゴキブリ】

麗しの島　麗しのゴキブリ

芥川龍之介は小学生のとき、一番美しい物は何だと思うかと問われ、「象の尻です」と答えて先生を怒らせたそうである。

象の尻は灰色で皺だらけであるから一般に美しい物とは考えられていないが、これを美しいと感じることは自由である。小学校というところは、しかし、子供に不自由を教えこむところであって、少年芥川を叱った先生は別に間違っていたとも思われない。

「美しいゴキブリ」などという表現も、ややこれに似て聞こえるが、こちらの方は矛盾語法《オクシモロン》でも何でもない。赤や紫の本当に美しいゴキブリが熱帯にはいるのである。とはいえ、それを醜いと思うこともまた自由である。

戦前の昆虫少年を熱狂させた加藤正世の『趣味の昆蟲採集』の「第二圖版　美しい昆蟲」と題された天然色写真の頁に、「オビゴキブリ」という美麗種が出ている。同じく戦前、一世を風靡した平山修次郎の『原色千種續昆蟲圖譜』にはヒレン（蜚蠊）科の1にこの種の解説がある。

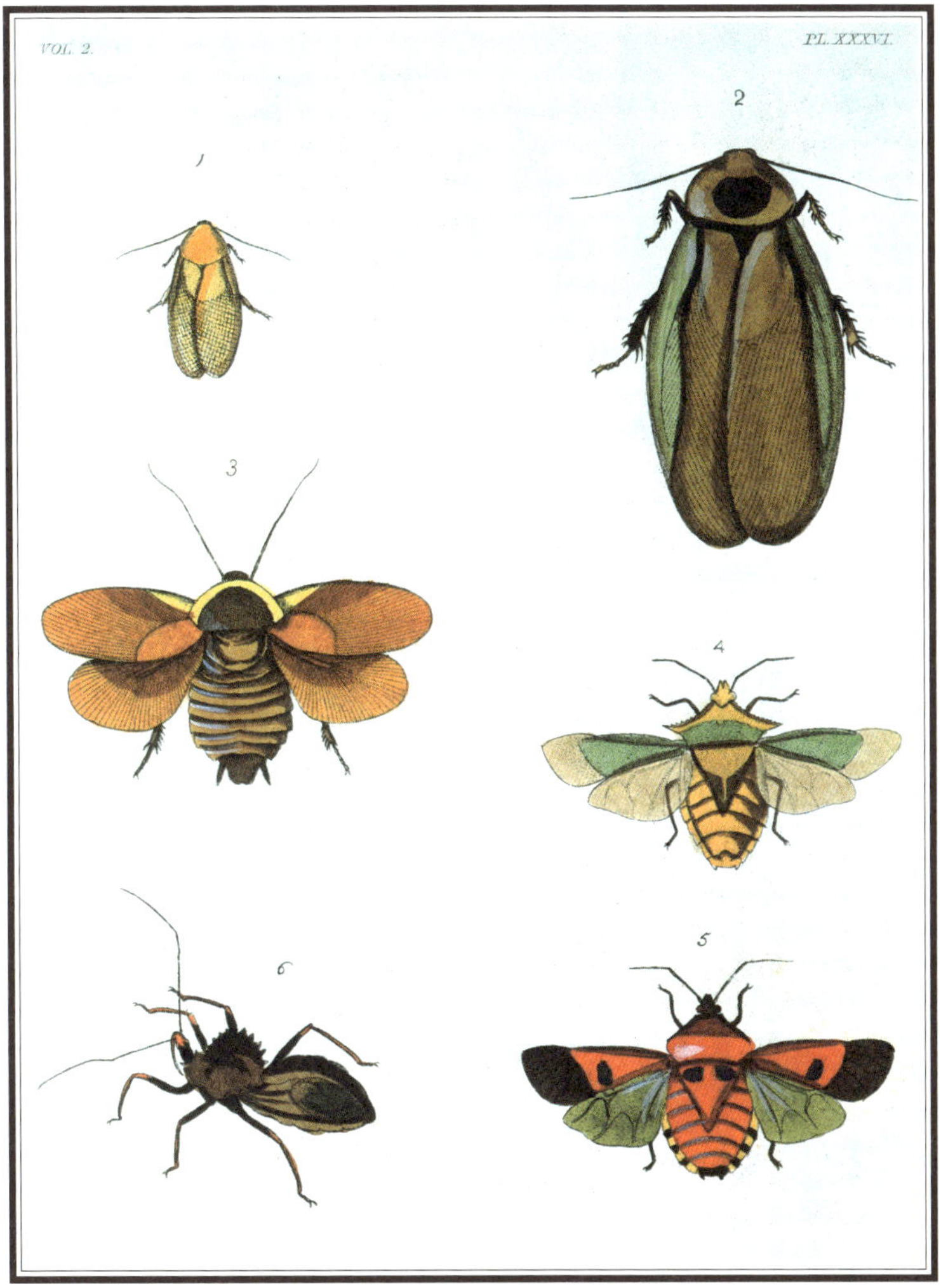

1は*Blatta nivea*、ニューヨーク産。2は*Blatta* (*Blaberus*) *gigantea*で、ジャマイカ、南米ギアナ産。3は*Blatta* (*Polyphaga*) *ægyptiaca*、ジャマイカ、エジプト産。4、5、6はカメムシの類。ゴキブリとカメムシは類縁関係から言えば近くはないが、両方とも要するに臭い虫である❺。カットはオビゴキブリ(*Corydia zonata* Shiraki)。ただし素木《しらき》博士のこの命名はシノニムで、*Eucorydia dasytoides* Walkerが正しいとのこと。樹皮下に棲む。カットは財津理一郎氏筆。

體ノ背面紺青色、金屬光澤アリ。翅鞘ニ橙色ノ横帯ヲ装フ。臺灣ニ産ス。

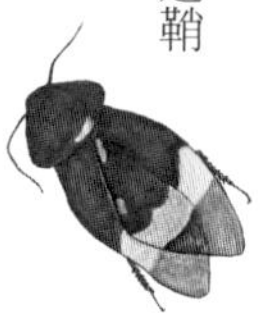

濃紺の地にオレンジ色の帯をもち、翅の先が琥珀色の、まるでタマムシのようなゴキブリが台湾にはいるのである。何という素晴らしい島であろう。私は小学校も永いこと休んだまま病床にいて、台湾の風物に恋いこがれていた。私のうちでは、長姉が宝塚の世界に胸をこがし、末弟の私は台湾の夢ばかり見ていた。

しかし現実に日本の屋内にいるのは汚いクロゴキブリばかり。そしてこのゴキブリも、実を言えば外来種であるらしい。日本の在来種はその名も若干国粋主義的にヤマトゴキブリと名づけられてはいるけれど、居心地のよい屋内ではクロに負けて、屋外をうろうろしている。幸い寒さには強くて外で冬が越せるのである。喫茶店やバーや新幹線にいるのは小型のチャバネゴキブリで、これもまた外来種らしいが、今では全世界、人間のいるところならば何処でも棲家にしている。ラテン語の種小名はゲルマニカで、命名者のリンネはひょっとしてゲルマンが嫌いだったのかと考えたくなる。他に欧米で有名な種はアメリカーナとオリエンタリスで、これでドイツとアメリカと東洋が揃った訳だが、ブリタニカ（英）とかガリカ（仏）等の名がないのはどうも不公平である。

アメリカではチャバネゴキブリを特にクロトン・バッグ（Croton Bug）と言うと図鑑に出ている。それでクロトンという観葉植物の事を考えた。私の父はむかし台湾に旅行をした事がある。うちのアルバムに台湾の南端鵝鑾鼻《ガランビ》半島の、鯨の骨を門柱のように立てた所で、私より若い父が、グレイのソフトを被って笑っている黄ばんだ写真がある。私が台湾の話をせがむと父は必ずなつかしそうに、

燃えるクロトン花蓮港

という何かの唄の文句をつぶやくのであった。ところが何事も知りすぎるとつまらないもので、クロトン・バッグのクロトンは植物の方ではなく、一八四二年以来ニューヨーク市の水源となった川の名であるという。この水源が出来てから何故か急にチャバネゴキブリがニューヨークに増えたため、という説明が研究社の英和辞典に出ている。

あこがれの台湾に渡ってみると、旅舎にゴキブリが多かった。採集した昆虫をうっかりテーブルの上に放置しておくと胴体をこれに食われてしまうから、天井から吊して寝た。

夜中にガサガサッという音、ただならぬ気配を感じて目がさめた。蒸暑くて寝苦しいのをやっと寝入ったところなので、胸が動悸を打っている。電燈をつけると、昼間買った龍眼《リュウガン》の房を包んだ新聞紙の上に、美事なワモンゴキブリがいて、油断なく触角であたりの気配をうかがっている。おのれどうしてくれよう。しばらくにらみあった末、私がそろりそろりと捕虫網の柄に手を伸ばすと、ささっとテーブルの上にあいた穴に逃げ込んだ。合成樹脂の薄い板で太鼓に張ったテーブルの破れめから、奴の腹部が覗いている。頭隠して尻かくさずとはまさにこのこと、捕虫網の柄をりゅうとしごいて、ねらいすまし、しかし石突きの方に構え直して、ぐしゃっと突いた手応えに、台湾に来た実感がいかにもはっきりと感じられた。

髭太歩行蟲

【ヒゲブトオサムシ】

鎌髭奴は世渡り上手にて候

ヒゲには理由がある。毛沢東も自分がヒゲを生やしていれば、美髯有理とか何とか言ったであろう。虎のヒゲには魔力が宿り、猫のヒゲを切ってしまえば鼠が捕れなくなり、鼠のヒゲは壁際を走るために必要不可欠である、というような実用上の理由ではないにしても、ヒゲ男は各人が自分なりに、ヒゲをたくわえたその理由を、あるいは心に秘め、あるいは意識下にとどめているに違いない。口にも出して言わぬその理由なるものが、他の男に不快感を与えるのである。

明治の作家は髭をたてている。漱石、鷗外二家の髭は彼らの攻撃性を表わしているように思われてならない。二人とも我々から見ると共通してどこか〝猛烈な〟ところがある。大正の文士は大抵髭を廃してしまった。しかし一般社会では明治、大正、そして昭和の初年位まで紳士に髭はつきものである。帽子、髭、ステッキ、懐中時計——紳士の必需品のうち、金で買えないものは髭だけである。

虫のヒゲ、つまり触角には無論理由がある。カミキリムシの長い触角、ヤママユガの櫛の歯状の触角、いずれも見事に発達して、我々人間には窺い知れない同種の虫同士の情報や、食物の情報を受信する能力のある事が、様々な実験から知られている。だからラジオ等のアンテナも、虫の触角をラテン語でantennaという

いずれもインド、ベンガル産のヒゲブトオサムシ科。ヒゲブトオサムシは主として熱帯地方に棲む。学名は、1が*Platyrhopalus denticornis*、2は *Pausus thoracicus*、3が*Pausus fichteelii*、残り二つは*Paussus pilicornis*❹。カットは*Phyrochroa coccinea* Linné。英語では枢機卿(cardinal beetle)と呼ばれる。不味もしくは有毒らしく、鳥もこれを食べぬという。中部ヨーロッパ産❽。

事から、それにあやかってつけられたのであろう。ところが、このアンテナというラテン語は本来、古代ローマ時代の帆船の、細く長い帆桁のことであるという。人間の造ったものの名が、形の似ている虫の触角につけられ、それが再び人間の造ったものに、今度は主に機能が似ている故に冠せられたわけである。

図の虫の触角は、長くもなく、幅も広くはないけれど、異様に太い。しかも通常は十数節に分かれているものなのに、二節しかない。先端の十節が癒着しているのである。

ヒゲの太い虫にはその生態もひとクセある連中が多く、たとえば先端だけが太い触角をもつ甲虫は、テントウムシダマシやキノコムシのように、大抵茸を好む奇虫である。しかし図の虫の触角は、それらより更に奇怪であって、その正体を、一見似ても似つかぬオサムシに近縁な虫だと見破った分類学者は、私などにはお釈迦様のように偉く見える。すなわち日本名をヒゲブトオサムシという。蟻の巣に入り込み、自分の身体から、甘いか苦いかしょっぱいか、蟻の好む液を出し、それを蟻になめさせて巣の中に棲ませて貰っている虫である。蟻の巣には食物が貯えられているから、食うにはこと欠かない。いわば蟻の家の食客なのである。

しかし蟻のように攻撃的な昆虫の本拠に入り込んで無事であるというのは、随分きわどい世渡りの方法であって、そのためには嗅覚も余程発達していなければならず、それでヒゲが太くなった、と考えるのは週刊誌の政治記事からの連想で俗に過ぎるけれど、たとえていって見ればアリババが、四十人の盗賊の巣窟に、そのまま住みついたようなものである。この虫が分泌する液には蟻を手なずける不思議な力があるのであろう。

インドネシアに虫を採りに行ったら、現地の男子は皆髭を生やしている。山の中では何事も億劫であるし、丁度電気カミソリも故障したので剃らずにほっておいた。すると帰りには何となくインドネシア風に口髭の格好がついた。日本に帰って私の髭は親戚中でも、職場でも不評であったけれど、髭のために準禁治産処分を受ける事もなく、馘になる事もまたなく、平穏に十年近くが経ってみると、髭はエッフェル塔であったのだとつくづく思う。つまり一八八七年にギュスターヴ・エッフェルという男の設計で、高さ三百メートルの鉄骨の塔が、石造りのパリの街に組み立てられはじめたとき、パリの住民は、殆んど皆が違和感を抱いたに違いない。「似合うはずがない」と誰もが思ったであろう。「悪魔の仕業」とか、「世も末」とか、「パリは永久に失われた」とか言いながら、工事中の塔の見えるカフェでいっぱいやったに違いない。ところが塔が出来上がって、落ち着いて来ると、それがパリの象徴になった。街の方が塔に向かって収斂《しゅうれん》したのである。そのように今では顔の方が髭に似合うようになってしまったので、パリの街からエッフェル塔を撤去することが出来ないのと同じ理由で、私も今さらこれを剃る訳にはゆかぬのである。

しかし明治人の攻撃性も、虫の鋭敏さもない、一見無用の髭の、本当の存在理由は一体何なのだろうと思う。

埋葬蟲

【シデムシ】

おおこの苦しさよ　時が命を啖《くら》う

ヨハン・シュトラウスの話であるから、別に貧乏して、というのではないだろうと思う。彼は着ていた服が古くなると捨てるのでも人にやるのでもなく、古着屋に売ることにしていたそうである。あるとき、演奏会用の黒い上衣を若い者に託して売りに行かせた。古着屋が品物を手に取って、顔をしかめて言う。

「こんなに左の肩ばかりで担がなきゃよかったのに」

見るとなるほど左肩の、いつもヴァイオリンをのせているところが毛羽立って、そこだけ薄くなっている。

「でも右の肩で、という訳にもゆかないから」

と青年の方も笑いながら言う。

「なに、癖なんだからときどき持ち替えるようにすればすぐ慣れますよ」

そう言ってから、ふと言葉をきり、若者の顔をまじまじと覗き込むように見て、

「別にあなた、葬儀屋だってこと、隠すこたぁありませんぜ」

シデムシ類は学名をnecrophorusと言う。それはギリシャ語のネクロス＝屍とフォロス＝運ぶもの、からつ

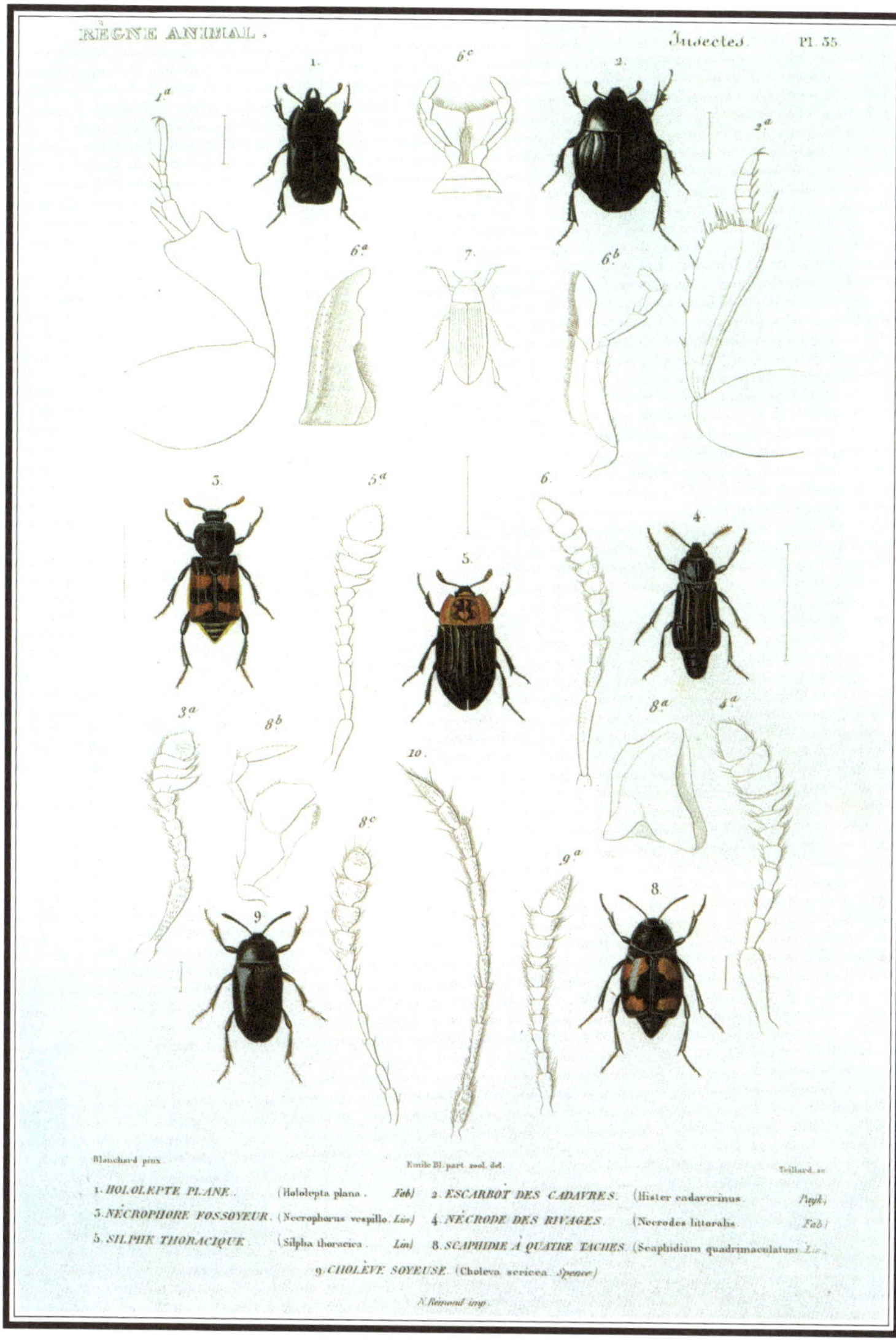

3、4はシデムシ、5はヒラタシデムシの類。シデムシの装束は大きく分けると、全身黒ずくめの種と朱色の斑点を有するものとがある。大きさは3センチぐらい。1、2はエンマムシの類、食性はシデムシに近い❻。カットはシャルル・ボードレールの墓。

けた名である。動物の屍があると、柔らかい土のところまで背中で少しずつ担ぐようにして運んでいって、すぐに土の中に埋葬してしまう。土の中ではそれを自分も食べ、幼虫にも食べさせて、死を新しい生命に変換するのである。

母虫は肉を捏《こ》ねて、団子というかつくねにする。そうして細い回廊を掘り、そこに卵を産む。孵化した小さい幼虫は、肉の臭いか親の強烈な麝香《じゃこう》臭に惹かれて団子のところまでたどりつく。するとそこに待っていた母親は、自分の胃の中で半ば消化したものをミルクのように、口移しに子供に与えるのである。幼虫が大きくなって、自分で餌が摂れるようになっても、脱皮の時にはやはり母親に頼るのであるという。子供の面倒を最後までみる昆虫は珍しい。

ファーブルもまたシデムシを観察している。クレルヴィルとかグレデイチとかラコルデールとか、先輩の権威ある科学者らが、シデムシについて拵《こしら》えあげた物語、つまり一匹では運びきれない重い屍を見つけた場合は、仲間同士助けあうというような美談を打ち毀《こわ》している。いわば人間の猿智慧によってたてた推論を、実験と観察によって訂正し、虫の生活には人間が想像力によって作りあげるものよりも、更に奥深いものがあることを示したのである。

ところで、この世での務めを終えたシデムシが、脚の付節を失い疲れ果てて地表を喘ぎあえぎ歩いていると、不意に元気な仲間が現れて、この老シデムシを斃《たお》し、腹部を食べてしまうという。食物は他にいくらでもあるのに、そうするのである。

ファーブルはシデムシのこの不可解な行動を、ヘロドトスが叙述している古代小アジアのマサジェット族の習俗にたとえている。すなわちこの種族の者は老人を殺して食べることによって、老いの苦しみから救うのである。禿げた頭に棍棒の一撃を加えることは親孝行であるという、安楽死の思想である。

見出しの句は、

燦爛《さんらん》とここかしこ陽の光洩れ落ちたれど
おしなべて我が青春は晦闇《かいあん》の嵐なりけり

という三好達治の訳による冒頭の二行で有名なボードレールの「仇敵」L'Ennemiから採ったものである。『悪の華』の詩人は、手にした長柄の大鎌ですべてのものを破壊し尽くす「時の老人」を憎み、怖れた。しかし、生きているものは結局皆死ぬから救われるのである。死はたしかに恐ろしいけれど、不死はもっと恐ろしい。

父が死んで病院から帰ってしばらくすると、葬儀屋の若い衆が棺を届けに来た。最後に着ていた寝巻を、父が一番好きだった着物に着かえさせ、いざ棺に納めようとすると、背が高いものだから足がはみ出してしまう。どうしよう、と思いながら、それでも手も足も出ずに見ていると、若い衆は慣れたもので、硬直した脚を少し折り曲げ、難なく納めてしまった。何事においても玄人というものは偉いものである。

教会での式もすべて済み、焼場に運んでいって窯に入れて鉄の蓋を閉めたときは、夢を見ているような気がした。翌日焼場に行って開けて見ると、きれいに白く清浄無垢に焼けている。

棺の枕元には聖書のほかに、兄貴が私の書いた本を一冊入れておいたのだが、聖書は真白く灰になってはいても頁がめくれそうに思えるほど元の形を保っているのに、私の本の方は影も形も無くなっていて、なんだか私はほっとした。

おわりに

読売文学賞を貰って間もない頃、集英社の岡田朴《すなお》さんという方から電話がかかって来た。私より十五、六歳ぐらい年上だろうか、会社では、かなり偉い人のようである。どれくらい偉いのか、知らなくても別にかまわないけれど、私は会社勤めというものをした事がないから、山下清の流行らせたあの言い方「兵隊の位で言うと……」式に、大学の位で言ってもらわないとよくわからない。しかし、編集長より権限のある人で、ヒラの教授などよりはずっと偉いようであった。

岡田さんは、いついつまでにどういう原稿を書けとか、原稿のここをこう直せ、とかいうような細かいことには立ち入らない。ただ、「ファーブルの『昆虫記』を改訳したらいいでしょうねえ。虫が好きで、フランス文学の専門家なら、最適任者ですよ。ファーブルの訳者にいままでそういう人はいませんでしたからねえ」と言ってくれた。

それはまさに、私にとっても渡りに船で、本心から言えば、自費出版でもいいから出したいところであった。

とりあえず何か、集英社の雑誌で連載を、ということで、文芸誌「すばる」に『本を枕に』を書き始めることになった。自分の愛読書を取り上げて、思い入れを書くのである。私にとっては有り難い話で、筆と墨で挿絵まで描いた。

岡田さんは、文学好きの、話題豊富な人なのである。周りの人から聞いたところでは、明治の詩人で『孔雀船』の著者、伊良子清白の息子らしい。岡田さんとは、やがて親しい、友人のような付き合いになった。自分が酔っぱらって何を喋ったかは忘れてしまったけれど、岡田さんの話は憶えている。

三島由紀夫の担当をしていたときのこと、三島邸で、庭の椿の花を褒めると、作家がいきなり、ががら声を張り上げて、「おかあーさまー、うちの椿がほめられましたーっ！」と家の奥に向かって叫んだそうである。

岡田さんは早稲田の仏文出身だということで、フランス文化に対する思いの一番熱い世代、とでも言えばいいだろう。ようやく戦争が済んで、フランスから、それまで輸入、公開されなかった映画や、翻訳されても伏せ字だらけだった小説などがどっと街中に溢れ出した時代に学生だったのである。

詩でも、映画でも、フランスのものは、ほとんど何でも日本でもてはやされた時代である。じっさいにまた、名作がいろいろ公開された。「天井桟敷の人々」「舞踏会の手帖」「モンパルナスの灯」……岡田さんはそういう作品を、若い観客のひとりとして、熱気溢れる満員の映画館で見ている。だから、仏文出身で、フランス語教師の私とは、話はツー、カーといくはずなのだが、私のほうはそういう作品を、テレビかビデオ、たまに名画座でしか見ていない。脚本が手に入ったものはそれを読んで、古いフィルムの、声がくぐもって聴き取り難いセリフを「ああ、こう言っているのか」と合点する程度である。それでも、「舞踏会の手帖」のマリー・ベルがどうの、ルイ・ジュヴェのぎょろりとした目玉がこうの、あのときルイ・ジュヴェのつぶやいたヴェルレーヌの詩句がこうのと、私としては背伸びをしながら話をしてちょうど良かった。

そもそも岡田さんを指導した世代の仏文の先生方は、明治生まれで、ジッドやゾラ、モーパッサン、バルザックの翻訳などで有名な方々で、こちらも岩波文庫や新潮文庫で名前を知っているし、中にはアルバイトで『昆虫記』を分担して訳した人もいる。そんな仏文学者の噂話を実際に聞くだけでも興味深かった。

『蟲の饗宴』が二年間で終了して、次は同じ頁に澁澤龍彦さんが、『フローラ逍遥』というタイトルで連載される事になったと、続けて担当する船曳さんから教えられた。

それで、私も原稿取りについて行っていいか訊いてもらい、月に一回、北鎌倉の澁澤邸まで遊びに行くことになった。同行者には、八坂書房の社長で、詩人で植物学者の八坂安守さんがいて、ボタニカルアートの資料を提供することになっている。

澁澤さんほど、後味のいい人に、その後会った事がない。つまり、お会いしてから家に帰る途中、そして帰ってからも、その爽やかな人物の余韻が、高貴なお香のように、